半農半林で暮らしを立てる

資金ゼロからのIターン田舎暮らし入門

市井晴也［著］

築地書館

1　10月　雪むろ保存

4月

植物のエネルギーが
湧き出てくる季節。

育苗ハウス設置。

ブナの新緑。日に日に緑が満ちてくる。

雪中桜。当集落内、
峠のふるさと広場。

(朗)

あちらこちらに
春のきらめき。
(朗)

5月

大地が一気に鮮やかさを増す。
農繁期へ。

雪が溶けた畑でまず採れるのはアスパラガス。
甘みが強くいくら食べてもあきない。

山菜。右上から縦にコシアブラの芽、木の芽（三つ葉アケビのツル）、タラの芽、ネマガリタケ、山ウド、コゴミ（コゴメ）、ウルイ。

6月

田畑の管理に奔走する時期。
山仕事も始動。

稲の生育に大切な追肥。

木材の搬出には重機が必須。

集落にある穴場のキャンプ場。広くてきれいで静か。楽しくておいしいそば打ち体験は一押し。炭焼き体験、風鈴作り体験、釣りなどもできる。

●福山峠のふるさと広場
〒946-0207 魚沼市福山新田1326
TEL/FAX：025-797-2366

ふるさと広場管理棟。

7月

太陽と雨、植物の生命力が
最大限解き放たれる。
放たれすぎる。

アカハライモリ、コオイムシ、オタマジャクシ…、
たくさんの水生生物が捕れる。

鮮やかさと味は比例する。

田んぼの面積よりはるかに広い草刈り面積。

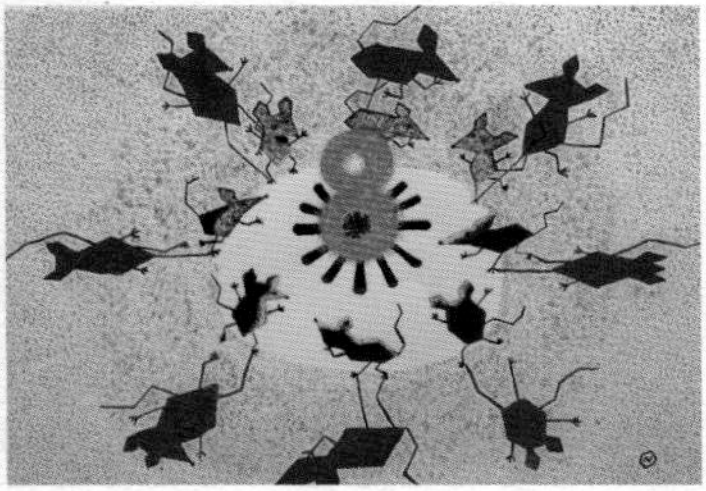

8月

お盆には少し休もう。
稲の実りを待つ。

朝陽に照らされる穂。みずみずしい。

朝露にきらめく。㊐

余計なもののないことの心地良さ。㊐

9月

秋は急にやってくる。
稲と空の様子が気になる。

真剣な表情も見られる
コンバインの運転。

連れ合いの母親が
詠んでくれた歌

「幸せはお金でもなし物でもなし
山里に住む娘の顔輝く」

10月

春の大地の香りに始まり、
お米と薪と長ネギの香りで終わる
農繁期。

昔は稲を干す大切なハザ掛け場であった杉の木。今は日陰と杉の葉っぱ拾いをもたらすだけなので伐ってしまう。

山栗は小さいが味が強い。新米での栗ご飯は絶品。アケビも玄関先で穫れる。

あ、今日、黄色くなった、
と分かる紅葉。

玄関土間は貴重なスペース。

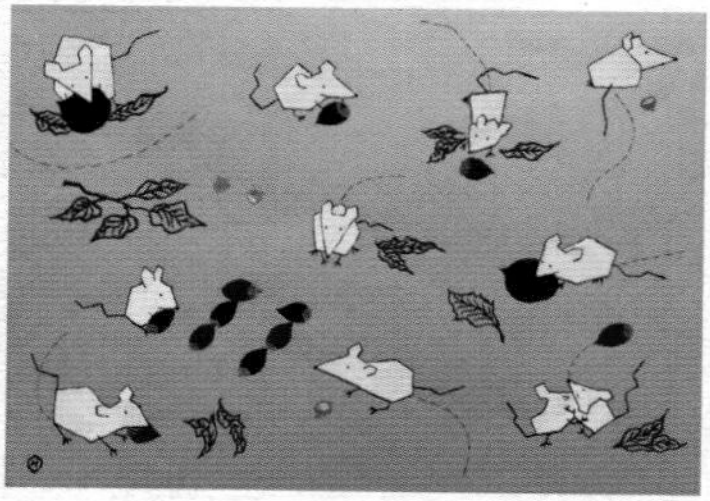

11月

冬へ向けての月。
雪に備えて家まわりを整える。
自然に添うことで暮らしが
ちょうどよく収まることも多い。

うちの米を売ってくれている唯一の小売店。
神奈川県綾瀬市の矢部酒米店さんと。

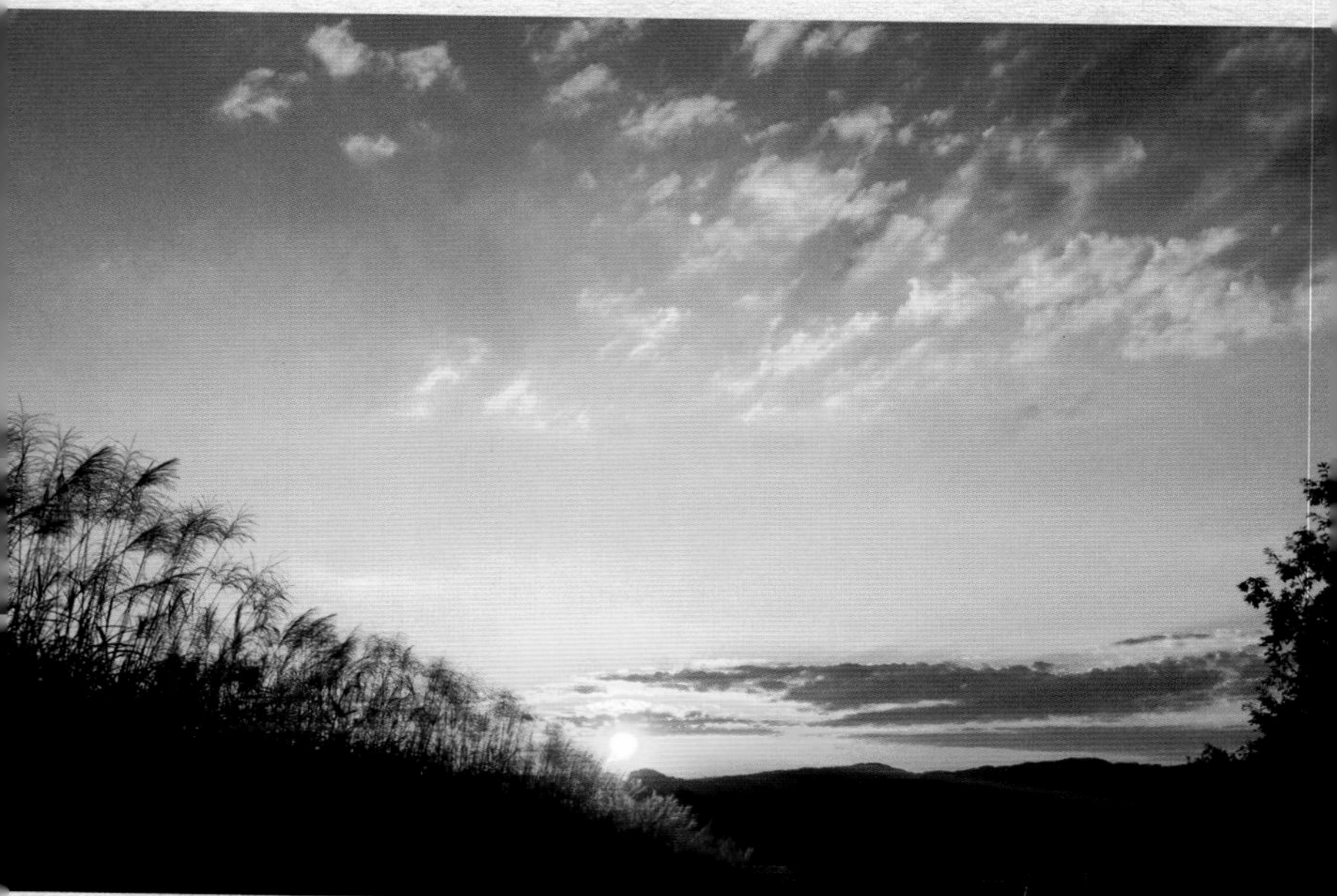

ススキと夕陽は相性が良い。

力よりコツの薪割り。

秋のうちに水路掃除をしたり、
邪魔になる木々を伐っておくと春に楽。

秋にぬかった田んぼを直す。
ここは軽トラック5台分の砕石を入れてほぼ改善。

気持ちのいい場所は
動物たちがよく知っている。

12月

白に覆われていく。雪との生活。
ひと冬で慣れる。

周りはビューポイントばかり。

1月

少ない晴れ間に喜ぶ。

上級ボブスレーコースから見た我が家。

冬の勤め仕事の除雪。

雪もまんざらではない。

2月

Q. そちらの良さは何ですか？
A. 余計なものがないこと。

雪壁付き道路。貸し切り。

次女いわく「生クリームみたい!」。

積雪が屋根雪とつながる。

我が家の玄関。

屋根雪が落ちることができるように下の雪を移動する。

居間のすぐ前で。雪灯籠遊び。

3月

Q. なぜ豪雪地帯に来たの?
A. 長くなるので本文で。

子どもを駅に送る時に出合う朝陽。

早朝だと凍った雪の上を歩ける。

毎日表情を変える景色。

雪は4月もたまに降る。

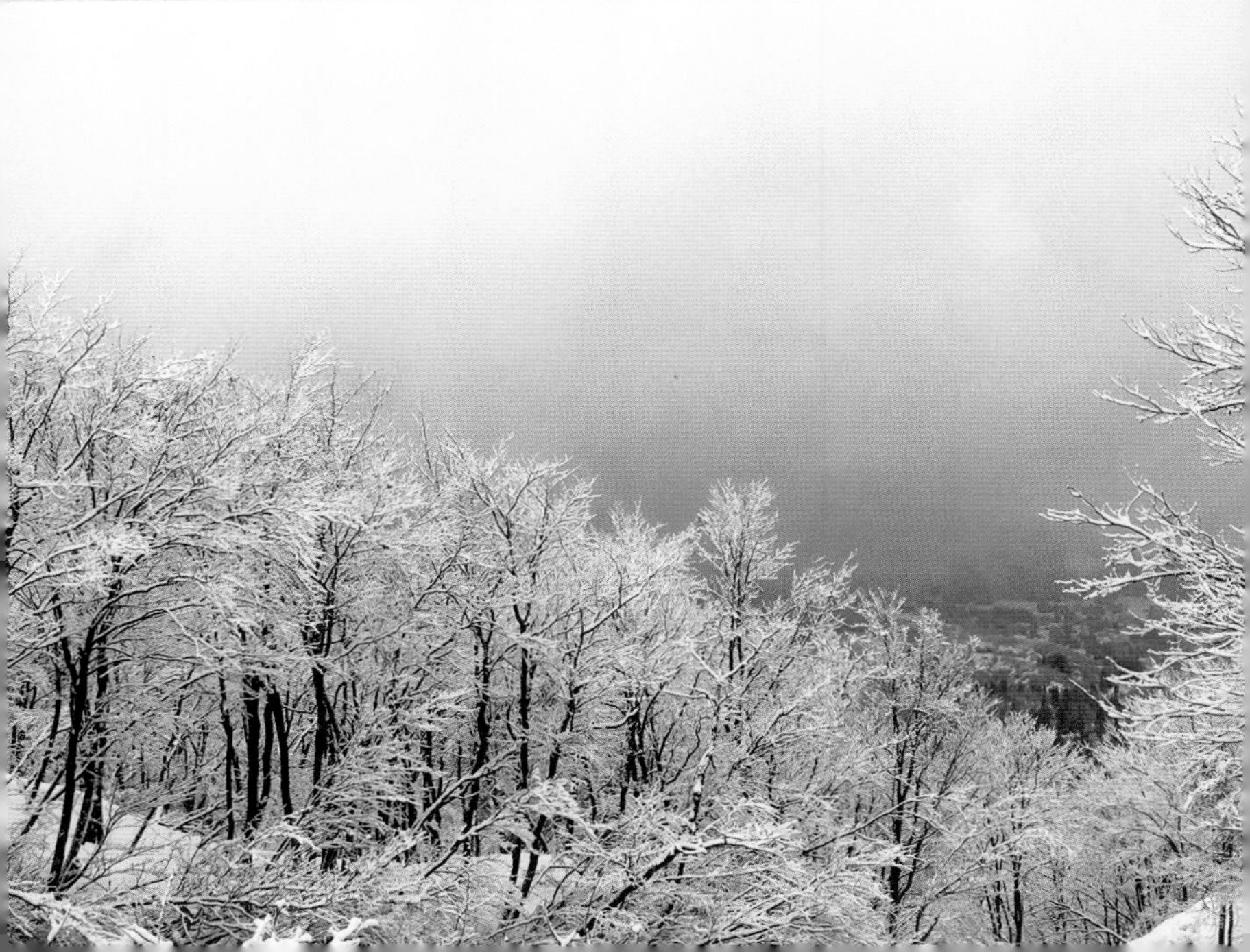

1年目
物置3坪

ほぞ穴を掘る機械が大活躍。

独立基礎のコンクリートを練る。

これくらいの
高さなら平気。

雪に埋まっても大丈夫な設計。

2年目 車庫兼作業小屋10坪

角材に一本一本刻みを入れる。

この高さになると怖い。

「この作業はどうやってやろうか」
悩みながらクリアしていく。

3年目 母屋外周りまで。20坪

材の移動や作業段取りがとても大切。

友だちも手伝いに来てくれた。

足場を貸してもらえて助かった。

壁板を張り終わった時は雪の中。

4〜10年目　母屋
内装・風除室・動物小屋など

内装もほとんど杉板で。

玄関のドアが凍るので風除室を。

道路からではなく、沢側からの我が家。

味噌造り

❶ まずは麹作り。自家製の魚沼産コシヒカリを精米し、研いで蒸す。

❷ 蒸しあがった米を台に移して粗熱を取る。

❸ 米10kgに対し麹菌10gをまんべんなく混ぜる。その蒸し米を発酵器に入れる。

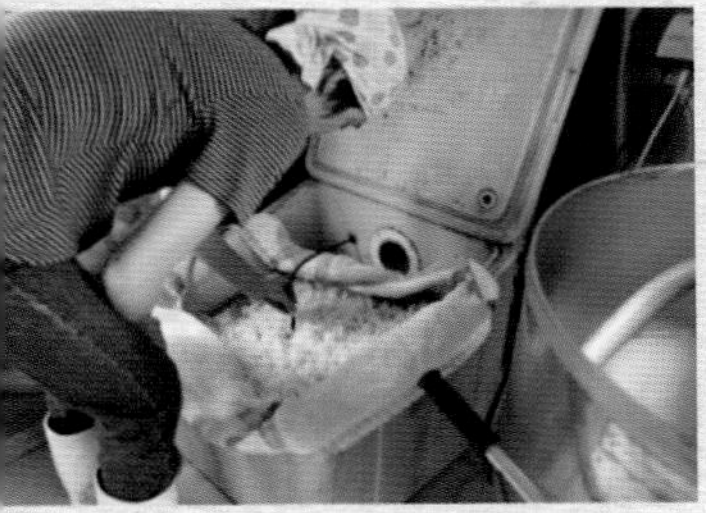

❹ 発酵の進行に伴い3回麹を混ぜる。ほど良い発酵まで2昼夜。

❺ 地場産の大豆。まずは選別作業。ひび割れ、虫食い、未熟豆を取り除く。

❻ 米10kgに対して大豆10kg。水が澄むまで大豆を水洗い。

❼ 一晩水につけた大豆を1.25気圧で25分程度ゆでる。

8 ゆでた大豆をチョッパーに入れる。すりつぶされた大豆がうどんのように出てくる。

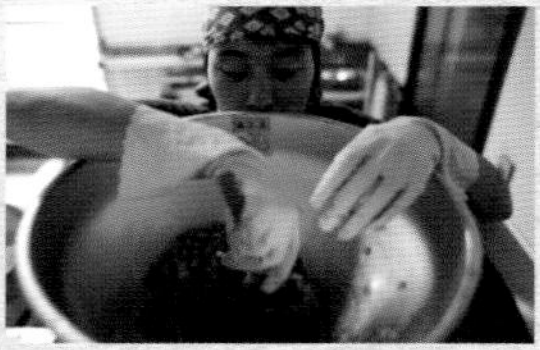

9 入れる時はへらで押し込むように。

10 麹をほぐしながら混合機に入れ、塩を加える。米10kgに塩4.7kg。塩分は出来上がり量の13%。そこへすりつぶした大豆を加え混ぜる。

11 味噌の量に対し2割の重しを載せ、フタをして貯蔵庫へ。半年後に天地替え。

12 使用後の機械洗いが作業納め。

食べ頃になるのは1年後。
麹が多めなので甘みもある。

写真:金指栄一

はじめに

二八歳の時、炭焼きと農業をしようと魚沼の山の中へ移住を決めた。

東京で悶々と暮らしながらも、ちゃっかりと付き合っていた彼女は六歳下で大学卒業を控えていた。北海道の福祉施設に仕事も決まりそうだった。さすがに無理強いはできないので、一応「自分はこうするつもりなんだけど一緒に行く?」と聞いたら「行く」と言う。うかつにも。

就職先に対する躊躇や田舎暮らしへの憧れもあった模様。

驚いたのは彼女の親。特に会社の経営者である父親。

「炭焼きしたことあるんですか?」「ないです」

「農業したことあるんですか?」「ないです」

「大丈夫なんですか?」「は〜、多分」

ひどい話だ。こんなわけの分からないのに、大学まで育て上げた娘を山の中へ連れていかれてしまうのだ。しかもあるのは急遽取った車の免許のローンだけ。でもあからさまな反対はされなかった。懐大きい。彼女の母親も応援してくれてありがたい限りでありました。

私の親も驚いていたに違いない。私が教員免許を取得していたので学校の先生になるとばかり思っていた様子。

「どうせすぐ帰ってくるんだろ」と父親。

「言っても聞かないから」と母親。

長男なのにごめんなさい。一九九五年からこれまで、実家に帰りたいと思ったことはありません。

結婚しないで、彼女が大丈夫かどうか一緒に来てしばらく試した方が良いんじゃないかと提案したが、それはならないということで、結婚。結納なし。指輪なし。彼女の親父さんの望んだ赤いじゅうたんを歩く華々しい結婚式もなし。これを読んでいる人の同情の声が聞こえてきそう……。


食うや食わずになるのも覚悟で来た山の中。予想外の普通っぽい暮らし。ここで授かった子ども三人も大きくなった。クワもナタも持ったことのないやせっぽち夫婦が山の中でなんとか暮らしていけている理由を考える。もちろん親や周りの人の助けがあったのは言わずもがな。それだけでなく、ここには作物を作るために先人たちにより培われてきた田畑があった。薪や仕事や食材を生み出す山々があった。明らかに「地の力」があったのだと思う。

私たちはたまたまこの土地であったけれども、元来日本の地には人を養える力がきっとある。海も含め。第一次産業は国の根幹だと思ってきたけれど、それは同時に個々の生活の基盤となるわけで、うちの暮らしが成り立っているのもその証しの一つ。

農林業を生業《なりわい》にするのは時として大変なことのように思われるけれど、ノルマはないしその人なりのペースで成長すればいい。そもそもどんな仕事でも大変だし、誰かにやらされるのではなく、自分の意思でやることは、うまくいかなくてもたいていのことは納得できるもの。自分の活動が直接生活に響くのは実に分かりやすい。農業に携わると自然に添うことで暮らしは展開していく。やるべきことが目の前に見えてくるから、ある意味、迷いがなくて済む。飢え死にすることもない。田舎では住処《すみか》も安く手に入る。今は雪国でも出稼ぎをしなくてよくなったし。

自然の豊かな日本列島は本来、農林水産業で人間を維持させることが得意なのではないか。うちはそれに乗っかった。良かった。山に生かされている。この地特有の職業、かつてはたくさんいた林業との兼業農家はもはや絶滅危惧種。そこにはやりがいと中山間地《ちゅうさんかん》地におけるる活路が潜んでいるんじゃないか、と私は思っている。

目次

[7月]

[8月]

[9月]

[10月]

[11月]

[セルフビルド……ロマンよりガマンの家造り]

4月

苗を作る

ここは四mを超える積雪が珍しくない雪国、魚沼市福山新田（注）。四月はまだすっぽりと雪に埋まっている。毎年四月下旬から見られる雪中桜の華やかさとブナの新緑の眩しさは春の象徴。毎年見ていても飽きない。四月は晴れ間も多く、素晴らしい景色に出合う頻度が最も高い時期のように思う。どこもかしこもビューポイント。眠っていた植物のエネ

（注）新潟県魚沼市福山新田。新潟県の中越東南部。周辺地区からは峠を挟み六～七km離れた山の中に位置する。標高三五〇～四〇〇m。盆地の集落内は山合いの割には平らな地が多く、田畑も多い。二〇一九年現在の人口は一二〇人弱。田んぼの作付け面積は約四五ヘクタール。魚沼市内で最も積雪が多い集落。三〇〇年ほど前に会津藩士の橘氏、馬場氏が移り住み開拓を行ったとされる。

春の農作業の始まりは育苗ハウス設置のための雪どかしから。

ルギーが活気づいてくるのを感じながら、人も農業へ向けて動き出す。田んぼを覆った雪の上に、モミ殻を蒸し焼きにした燻炭《くんたん》を薄く撒く人も多い。黒色が太陽光を受け、雪解けが一週間前後も変わってくる。これはモミ殻処理も兼ねた雪国の知恵。

苗づくりの準備も始まる。三月のうちに育苗ハウス予定地の雪を重機でどかし、育苗ハウスを設置。筋蒔き（稲の種蒔《たね》き）を行う。一kgの種モミが一五〇kgもの米になるのだから稲はまさに黄金の植物。我が家では六〇〇枚前後の苗箱を作るので人手が必要。子どもが手伝ってくれるのは中学生くらいまで。我が家の子どもの手伝いの理由は父の威厳、……ではなく駄賃。子どもが高校生にもなると、部活などでほとんど手伝わなくなるという噂は本当だった。

入学年度始まりが四月というのは世界でも珍しいようだが、日本の雪国に住んでいると実にしっくりくる。雪が解けてきて一年が始まる。農作業開始の月。四季のはっきりした日本の自然観からきているのかなと思っていたが、それだけでもないらしい。農家が秋に米を現金に換えて

稲の種を蒔いた苗箱を並べる子どもたち。

育苗箱に稲の種を蒔く。２人の助けが必要。

納税すると、国の予算編成が一月に間に合わなかった。先進国イギリスを参考に四月からの会計年度を設けた。票田という言葉があるくらいだし、稲作が国の税収にも大きな影響を与えていたということだろう。今は農家がすっかり少なくなって大きな票にはつながらなさそうだけれど。

苗半作という言葉がある。的を射た言葉だ。大がかりに苗を作り始めて二回失敗。収量が大きく落ち、苗を買った方が安くついたほどであった。苗の成長が途中で止まってしまう。おそらく育苗ハウスの周りに積まれた大雪のせい。水を溜めて保温するプール育苗に変えてからはしっかり育つようになった。それでも強風でハウスが壊れたり、風通しを良くするのが遅れ高温で三分の一をダメにしたりと、少しの油断で痛い目に遭う。「ダメージが大きいほど経験値は上がる！　その分苗づくりが上手になる！」なんて前向きな虚勢は張れなくて、「苗を買えば三倍くらい経費がかかるしなぁ」というショボイ本音を背景に来年も苗を作る。

移り住んだ理由。「話が違う……」

一九九五年の春、結婚してこの山の中に移り住んだ。当時、東京の杉並区に住んでいた私の出身は神奈川県綾瀬市。一〇歳までは大和市。彼女は渋谷区。この渋谷という地名が出てくるとたいてい「え〜！」

となる。Iターンと知って聞かれることの多くは「なんでまた雪の多い山の中に?」というものなので書いておこうと思う。残念ながら、一流の炭焼き職人になる！　自給自足をする！　みたいな夢（少しはあったが）と希望の話ではないので眉間にしわを寄せてお読みください。

大学生の頃、日本の行き先を憂《うれ》う知り合いの人づてで韓国、フィリピン、沖縄へ行った。

韓国では独立記念館に行って日本軍の残虐行為の生々しい展示物を前に、しゃがみ込みそうになる。留学している友人のツテで延世大学の日本語学科の学生さんたちと交流させてもらって、自分の幼さに恥ずかしい思いをしたり、学生紛争の催涙弾に巻き込まれて涙と鼻水でグシャグシャになったり。北朝鮮人と疑われて私服警官に背後からいきなり左右の腕をつかまれて尋問されたり。三週間でいろいろあったが、電車の中では高齢者が一〇〇％席を譲られ、個々の日本人には親切な、気持ちの良い人々の国だった。大好きな隣国。

フィリピンではスモーキーマウンテンと呼ばれるゴミの山に暮らす人々の実態を見せてもらったり、日本企業に追い出されて海の上に小屋を作って暮らす人たちから話を聞いたりした。バナナ大産地のフィリピン。でもバナナは現地の多くの子どもたちには滅多に口にできない高価な食材であった。

沖縄では戦跡を歩く。自決のあった洞窟に一人で入る。暗い中、当時のことを想像して寒気に襲われる。伊江島《いえじま》の「わびあいの里」で反戦を訴える阿波根《あわ》昌鴻《ごんしょうこう》さん——名著『米軍と農民』（岩波新書）の著者――からお話を伺った。ひめゆり平和祈念資料館をじっくり拝観した。沖縄現地の新聞は本土とは全く違っていた。基地があるがゆえの問題が常に伝えられていた。何の非もない沖縄はいつまで基地を押し付け続けられなければならないのか。

旅の細かいことは省略するが、要するに日本は東アジア・東南アジアの中でどういう国なのかを突き付けられた。自分が何も知らずにぬくぬくと育っていたことがよく分かった。

もっと日本のことを知りたくて、就職は南北問題に関わる市民団体にした。当時、最も日本が熱帯材を輸入していたマレーシア、ボルネオ島サラワク州の森林破壊と先住民族の人権問題に取り組む市民団体だった。超が付く薄給。一九九二年のブラジルでの環境サミットの前後、バブル経済の頃、環境問題が大きく取り上げられた時期があったが、その情報を日本社会に向けて伝えようとしていたうちの一人だった。昔から先住民族が住んできて慣習権がある土地に、伐採業者とつるんでいる州大臣が好き勝手に伐採許可（コンセッション）を与えてしまう。先住民族無視で森が破壊され続け、森に頼った生活が破壊され、伐採に反対すれば逮捕されてしまう（同じボルネオ島のインドネシアでは殺されてしまう例も）。そうして伐採された熱帯材を最も買っているのが日本だった。伐採用の道路や橋にも日本のODA（政府開発援助）からの金が動いている。環境破壊も人権侵害も深刻であり、他団体の協力のもと始まった市民活動の団体だった。

ジャングルに住む先住民族の人たちを日本に呼んで、省庁や商社に申し入れに行ったり講演会や国際会議をする活動もあった。その際の移動や食事などのお世話もした。彼らが飛行機で日本に来てまず驚くこと。「こんなに木があるのか！」「日本には木がないから私たちのところから買っていくのかと思っていた」。そんな真っ当な感覚はたちまち踏みにじられる。日本の森林面積は国土の三分の二。飛行機から見れば一目瞭然。そして一緒に街を歩いているとあちらこちらに捨ててある家具や合板。彼らは立ち止まって指を差す。自分たちの大切な森が収奪されているから消費国に来てみれば、森はあるし、自分たちの森からの木材製品はゴミにされている……。私は恥ずかしくて言葉が出なかった。ただ苦しかった。このエピソードは日本のあり方を象徴的に表していると思う。

そういう仕事をしていると加害国ニッポンの情報が次々入ってくる。木材だけでなく食べ物や開発の問題も。沿岸業にとって大切なマングローブ林を破壊してのエビ養殖の問題や現在の油やしプランテーション問題同様の、バナナ・プランテーション農園の問題。どれも深刻である。一九九二年、冷害で日本の米が足りずにタイ米が輸入された。タイは米を買ってもらえて良かっただろうみたいな風潮もあったが、実際、タイでは米の値段が上がり貧困層は大打撃を受けてしまった。日本の米問題が子どもを売らざるを得ないほどの貧困層に追い打ちをかける？　そんなこと、考えもしなかった。一方で日本はその貴重なタイ米を余らせ最後はハトの餌にしてしまった。

講演会の仕事で熱帯林破壊と日本の木材貿易の話をさせてもらう機会がある時には、マレーシアの現状だけでなく必ずこれらの話もしていた。「国産材を使おう」「国産のものを食べよう」と付言する。そしてそういうことを口で言っているだけなのが虚しく辛くなっていった。

国内でも、沖縄への基地押し付けをしている大和人《やまとんちゅう》。アイヌへの差別をしてきた倭人《わじん》。福島、新潟などよその地域で電気を作らせて消費している東京。日本、本州、東京と日本の首都に近づくほどに周りに迷惑をかけて肩身が狭くなるようだ。そういうことも気になって余計に息苦しくなる。

私の中では第一次産業が国の根幹であることは確信になっていった。第一次産品を日本が外へ求めることがどれだけそこに住む人たちを苦しめているか。知るほどに生きにくくなる。第二次世界大戦は終わっても、ぬるい私たちの生活の裏で今も経済侵略は続いている。結局、口ばかりで街ですべてをお金に頼って生きているだけなのではないか。二年、三年と悶々と追い詰められて出た答え。

自分自身がやろう。

農林業を生業にして、できる限りお金より自分の身体を使って生きよう。それが田舎暮らしのきっかけ。できるとかできないとかすら考えず、そうするしかなかった。逃れようのない不条理と虚無感が意外にも進むエネルギーになるところが若さなのか。少々歪んだエネルギーでも私の根っこは今も同じ。だからなのか、根暗（死語？）なのか、楽しくなくても平気。Iターン移住の理由説明が長くなりました。かつ重い。だから、ここに来た理由を簡単に「第一次産業が大事だと思って農林業したかったんですよ」とだけ言うことが多い。

で、具体的にどうするかで思いついたのが、炭焼きじいちゃんのところへの押しかけ弟子入り。新潟の旧関川村の山中で一人で小屋を建て、ニワトリと猫と暮らす父方の祖父のことだ。電気は通っておらず水は山から引いている。二六年前といえども私の周りでは、そんな仙人のような人は他に聞いたことがなかった。で、行こうとした矢先に亡くなってしまった。炭焼きと農業をすることは私の中では決定事項になっていたので、何か情報のありそうな知り合いに電話をする。何人かに聞いて得た一つの結論は炭焼きで食っていくのは相当に難しいということ。相談先が北上する中で唐突に新潟県庁に電話してたずねてみたところ、「北魚沼の（旧）守門《すもん》村の森林組合が組合として炭焼きをしている。村長が県の木炭協会の役員をしている。一度行ってみるといい」とのこと。アポイントメントを取って訪ねてみると、「ここが住む家で、この人が炭焼きの親方で」とすっかり話が出来上がっていた。

話が違う……。でも、景色も村の人たちの人柄も良いし、ま、いいか。

「よろしくお願いします」。あっけなく、ここでその後の人生が決定。

村長が「豪雪地帯なので冬にも来てみた方がいい」と言うので真冬に彼女と二人で行ってみる。雪壁のできた道路。快晴。見事な青と白のコントラストに広大な自然。村の中心地からひと山越えて行く集落への道中ずっと絶景。雪を心配してくれた村長の意図から離れ感激してしまう。

振り返ってみれば、この福山新田集落出身である村長さんの歓迎の気持ちと迅速な対応が私たちをここに住まわせてくれた。機を逃さず準備をしてくれ、その後も応援してくれた。故人になられたが村長さんには感謝しかない。同時に、移住希望者受け入れの見本を見せてくれていた。

これは良かった事例 ①
人柄と自然環境に心地良さを感じたらその地はイケる。

静けさとは無縁の東京の京王電鉄井の頭線の踏み切りそばの四畳半一間、共同トイレのアパートから一転しての田舎暮らし。食うや食わずになろうとやっていく覚悟があったが（そんなんで彼女を連れてきたのか？　という声はしばし置いておいて……、ずっと置いておいて）、一時期三kg太った。村に来た翌日の朝七時、隣の家の人が玄米三〇kgをかついで野菜と一緒に持ってきてくれる。「隣に明かりが灯るのがうれしい」と。名乗らず野菜を置いていってくれる人もいる。どれもこれもおいしい。お金がないのは変わらなくとも、暮らしに「豊かさ」が生まれた。広い景色に広い家。ご飯は毎日家族と食べられる。満員電車に乗ることもない（東京では残業続きで終電帰りが一番多かった）。身体を使って規則正しい生活。米や野菜も一年目から作れた。森林組合での仕事は今思えば安い日当ではあったけれど気にならなかった。何よりここでの生活が性に合った。季節の変化に寄り添ってシンプルに暮らす中で思う。生きるのに必要なもの。食べ物（水含む）、安心して眠れる住処、そして暖。世界平和に必須なのもきっとこの三つ。

集落の人々

集落への最初の感想。じいちゃん・ばあちゃんが活き活きしている。山に行って山菜を採ったり、畑仕事をしたり。くたびれたように見える都会の年配の人のイメージと全然違う。私には理想の老後の姿だ。「過疎地って居心地いいんじゃないか」と、そんな直感。

周りの人にずいぶんと良くしてもらっている。これまでの四半世紀ずっと。本当にありがたいことである。それがここに気持ち良く住めている大きな理由。集落の方一人ひとりについての紹介をしてお礼を言うと大変なページ数になってしまうので省略するが、移住者は集落の人の心根が良くなければそこにはいられない。

ほんの少しの例外も添えておく。集落すべての人が歓迎してくれていたわけではない。それはどこへ行ってもあり得ること。私の犬の管理が甘かったことにも起因するのだが、あからさまな批判的態度を取られ、しばらく食事が喉を通らなくなるほど参ったこともあった。でもその後一緒に仕事をする機会が増え、時間と共に私への態度が変わっていった。あの罵倒は何だったの？　と言いたくなるくらいに普通に接してくれるようになった。集落外でもそういう人はいた。私が意識していたのは一つだけ。態度を変えないようにすること。もとより目上の人に何かを言い返せる性格ではないし、他にどうしようもなかっただけなのだが。接点が増えたのは逆に良かったのかもしれない。最初は息苦しかったけれど。すべてがうまくいくわけではないという例。それも変わる可能性があるという例。そんなことを含めたとしても自分にはうってつけの場所だった。

香ばしき家

最初に入ったのは道路からすぐの仮住まい。六月、暖かくなってから予定通り大きな古い家に引っ越した。その家は道路から玄関まで距離があるし、四月まではかなり雪が残っているので地域の方が配慮してくれたのだと思う。古い家での初めての朝、香ばしさに起こされる。汲み取りトイレの香り。小さい子どもなら落ちてしまいそうな、跳ね返りもある骨董的なトイレ。なんと扉も上半分がない。田舎暮らしが本格的に始まったのはその家に入ってからかもしれない。まずはトイレ直し。換気扇と座れる便器とドアを付ける。峠を越え車で三〇分強のホームセンターは通いすぎて、商品の何がどこにあるのか異様に詳しくなった。

雨漏りがする。二階にはバケツや洗面器だらけだ。今ではそうお目にかかることはできないシーンだな、などと珍しがっている場合ではないので、ひどいところだけは屋根屋さんに格安で直してもらう。が、屋根の内側は濡れているところが多すぎてどこから漏れているのかよく分からない。そういう時はコールタールを塗ればいいと教わり、屋根に登って塗ってみる。これがすごい臭い。寒いとタールの伸びが悪いので暖かい日にやるのだが、それゆえ垂れて地面にまで落ちる。その臭いがしばらく続く。まだ幼いニワトリは鼻の穴をふさぐように周りの皮膚が盛り上がり、間もなく死んでしまった。可哀想なことをした。それで雨漏りが完全に止まったわけではないが、かなり良くなった。一〇年も待たずして再度コールタールを塗ることになるのだが。

屋根の上には雪下ろしの際の足場になるように鉄のアングルが

移住して初めての初夏に移り住んだ家。昔ながらの曲がり家。

横に渡されてある。が、その土台も劣化する。初めての雪下ろしの時にそのアングルの足場ごと落ちた。雪の上に落ちてなんともなかったが、一緒に屋根に登っていた連れ合いは驚いた。私がいつの間にかいなくなっていると思ったら、後ろのはしごから登ってきたからだ。その足場の壊れた箇所も直す。

冬、隙間風が入る。窓が閉まっていてもカーテンが揺れる。時には雪が吹き込み、床がうっすら白いこともあった。これは寒さに強くなるに違いない。そんなことを目的に移住してきたのではないので、外壁を張り直す。

風呂場の浴槽は一人が膝をたたんで入ればいっぱいの極小サイズだった。とてもくつろぎのスペースではない。知り合いの工務店で中古の大きめの浴槽を買ってきて取り替える。

玄関先に水道が欲しくて配管工事もした。塩化ビニール樹脂のパイプは素人でも扱いやすくて良い。冬はきちんと水抜きしないと凍って破裂するのには気を付けなければいけないけれど。

古い家に住むというのはそういうことだ。手入れが必要なのだ。おかげで鍛えられた。いちいち外注していたらお金がかかって仕方がない。きちんと直そうとしたらすぐ一〇万円単位の出費である。だからなのか、田舎の人はマルチにさまざまなスキルを持ち器用にこなす人が多い。

今どきはそんな手のかかる家を貸すこと自体が稀かもしれないが。

これは良かった事例②

古い家は自分のできることをレベルアップするチャンス。

トイレのし尿（下肥《しもごえ》）を汲み取り、畑に入れると野菜が甘くなる。これはどんな肥料や堆肥よりも効く。人間が食べるものは人間から出たものを肥やしにするのが一番いいらしい。もちろん楽な作業ではないし、タイミングよく雪が降る直前に撒かないと香ばしすぎて辛い。かつ、この香りは近所にも迷惑だろう。野菜の甘みに感激していたので、セルフビルドで建てた新しい家を設計する時にも、最初は汲み取り式にしていた。が、そこには下水が通っておらず、浄化槽が必要だった。バクテリアの餌に糞尿がいるから水洗式でないといけない、と魚沼市から言われて諦めてしまった。意外と簡単に引き下がったのは、このし尿からの肥料づくりは、自分がやれなくなったら困るかもしれないということと、下肥え撒きが実は嫌だったからか。野菜のおいしさへの感激はどこへやら……。

5月

土の香りと田んぼ始め

はっきりと土の香りが漂い、雪溶けとともに山菜が出てくる季節。カタクリの花も目を引く。野菜でも山菜でもキノコでも力強いものは香りも強い。土の香りや山菜を身体に取り込むことは生を活性化させる作用があると感じる。雪の下になっていた植物が起きてくるように。

田んぼの雪がすっかりなくなると農作業が本格的に始まる。まずは水路掃除から。農家の数が少なくなっても田畑に水を回すための水路は減らない。山間地の田んぼは特にそうだが、水路が長く、周りは斜面や木々ばかりなので泥や葉っぱがすぐに溜まる。現在は、全部で五本、一㎞くらいの水路掃除を年に二回している。加齢や担い手不足で、田んぼまわりの草刈りや水まわりの管理がやりきれなくなって田んぼをやめる人が多いため、新しく米作りを引き受けた田んぼは、たいてい水路掃除と給排水口直しから始まる。

土作りの肥料撒き、トラクターによる田起こし、代《しろ》かき（苗を植えやすいように田んぼの土をトロトロにする）。そして田植え、植え直し、機械整備。水稲除草剤撒き。育苗ハウスの片付け。まさに農繁期。そこから延々と続く草刈りが始まる。

まずは有機農業をやってみた

移住当初、小さい田んぼ三枚、手植え・手刈りの有機農業から始めた。肥料は牛堆肥のみ。田んぼの雑草取りは、朝晩と、森林組合の炭焼きが休みの日にする。夜、目をつむると草取り中の田んぼが脳裏に焼き付いている。今でも思い出せる延々と続く草取りの情景。無農薬で六年していたが、草取りが追い付かず、雑草に負けて収量は少ない。慣行栽培（注1）の四〜七割程度。一反（一〇アール）当たりで言うと三・三〜五・八俵（二〇〇〜三五〇kg）。一年分の米が確保できずに慣行栽培のものを買う。無農薬の有機米（注2）は簡単には手に入らない。購入できる特別栽培米（注3）は一般米より値が張る。ギリギリの生活だったので、安い米を買うしかない。

雑草対策に紙マルチも試してみた。水に溶ける紙のロールを転がしながら、穴を開けて植えていく。雑草対策にはまことに良かったのだが、紙の下のガス湧きで根がやられてしまう。田んぼでは地温・水温が上がってくると土中の微生物が動き出し、前年の稲ワラや切り株を分解する。その際に硫化水素などのガスが発生し、稲の根に悪影響を与える。それを「ガス湧き」と呼ぶ。完全に発酵していない牛堆肥が入っていればなおさらガスは湧く。それを軽減させるために田んぼを干したり、除草機を押して歩いたりする方法があるのだが、紙マルチが敷いてあるのでガスは抜けずにこもるばかり。根がやられては当然収量は上がらず、また米を買うはめになる。

そんなことをしているなら水稲除草剤を一回だけ使おうと七年目にして路線を変更した。腰痛も出てしまい、年々田んぼの面積も増えて、そうし

雑草を抑えるための紙マルチ利用の田植え。

（注1）地域により農薬・化学肥料についての使用回数・使用量が定められている。例えば北魚沼では農薬は成分回数（成分が複数ある農薬がほとんどで、その成分数を数える）一九回。化学肥料使用量は窒素分で六・五kg／反。ただし、その内容確認の調査などはなく、JAなどの中間業者に売る時に自己申告を行う程度。

（注2）無農薬・無化学肥料で作った米。ただし有機農産物の表示をするには、一定の農場（農林水産省認定の認定機関に届け出が必要）で三年以上無農薬、無化学肥料で栽培し、毎年の調査を経てJAS認定を受けなければならない。認定を受けられる肥料も決められている。

（注3）農薬の使用回数と化学肥料の使用量を慣行栽培基準より二分の一以上減らして栽培され、県の認証を受けた米。これも認定を受けられる肥料は決められており、毎年の調査も受けなければならない。

ないと対応しきれなくもあった。むやみに田んぼを増やしたいわけではないけれど、自分がやらなければ耕作放棄地になってしまうとなると放っておけなくなる。この山の中で田んぼを開き、維持するために、これまでどれだけ労力を注ぎ込んできたのだろうと思うと心苦しくなって耕作を引き受けてしまう。

除草剤一回使用への路線変更で収量は上がった。最近は一反当たり七・五俵（四五〇kg）前後になった。

これは良かった事例③

まずはやってみる。すると次にやることが見えてくる。

農機具の変遷を知る

田んぼは徐々に増えて今は三四枚。すっかり機械化している。地域の人とのコミュニケーションは農機具の面においても大事。機械操作を教えてもらったり、中古の機械を譲ってもらったり。

最初に手に入れた農機具は耕運機。何年も使われていなかった田んぼは土が硬くなりクワでは歯が立たない。古いスコップの柄は折れた。悪戦苦闘して耕していると近所のじいちゃんが耕運機を持ってきて耕してくれた。機械の威力はやはり絶大だった。すぐに中古耕運機を手に入れる。これは不可欠だった。さすがに牛を飼うことは考えなかった。

田んぼの面積が増えるにつれ歩きながら使う耕運機ではしんどくなり、一五馬力の格安トラクターを手に入れた。田んぼが三反から六反（六〇〇〇㎡）になった時だ。耕運機との違いは強烈だった。これにより作付けできる面積は飛躍的に伸びた。しばらくしてトラクターは二〇馬力のものに替えた。

初めは関東の友人に声をかけて大勢でやっていた手植え。楽しかったが毎回人を呼ぶのは食事作りなど何かと大変でもあった。歩行型の田植え機を手に入れる。手植えとの違いは感動ものだった。そしてまたしばらくして乗用の田植え機の出物を格安で購入。田んぼの中を歩かなくて良いのはこんなにも楽だったのか。

友人たちとの手刈りハザ掛けも楽しくはあった。
が、今やったら腰が悲鳴をあげそう。

手刈り↓ハザ掛け↓脱穀もなかなかに手間のかかる作業だ。さすがにセンバこきで脱穀する気にはなれず、移動式のハーベスターという脱穀機を借りていた。

稲刈りは手刈りからバインダーという稲を刈って束ねてくれる機械に替わった。手刈りとは比較にならないスピードで刈れる。コンバインで刈るようになったのは一〇年目くらいに乾燥機を手に入れてから。ハザ掛けもハザ下ろしも脱穀もせずに一気にモミにまでなるコンバインはまさに革命的だ。ハザ掛けしたのに乾燥が足らないからといってモミ干しをする必要もなくなった。台風でハザ掛けを倒される心配もなくなった。と、書くのも倒されて泣かされたこともあるからで、ちょうどその時、上越方面から遊びに来ていた友人家族に助けてもらって本当にありがたかったことを思い出す。

コンバインと乾燥機の導入により、親しい友だちに年間を通して買ってもらえるだけの米が作れるようになった。

小さいものでは溝切《みぞき》り機。育成途中、田んぼを乾かす時期がある。しっかりと乾かすために田んぼに溝を掘って排水を良くする。秋にバインダーやコンバインがぬからないようにするのと、稲が倒れにく

耕耘も田植えも稲刈りも溝切りもみな乗用の機械になっていった。

いように横根を張らせるためだ。また、水を入れる時に田んぼ全体に回しやすくするためでもある。溝切りは稲作の難儀仕事の三本指に入る作業。初めはミルク缶にコンクリートを詰めてひもを付けて引っ張っていた。次はスチール製の手で押す道具。次のエンジン付き溝切り機は効率を倍にしてくれた。そして最近買ったのが乗用の溝切り機。初めて買う新車。おっさんが幼児用自転車に乗っているかのような妙な風情とは裏腹に、これが素晴らしき乗り物なのだ。あまりの楽さに驚く。体重がかかるので溝もしっかりできる。これで溝切りが憂鬱《ゆううつ》でなくなった。その名も「田面ライダーE」。メーカーの正式の商品名である。名前まで幼児用っぽいけれど、かなり強い味方である。

短い間に戦後七〇年の稲作の機械化の歴史をひと通り体験した感じがする。かつてなくても済んでいた機械。しかし使い始めると以前には戻れない。

機械に頼る米作りにおいて、いい農機具屋さんとの出会いは大切なことである。農機具屋さんなしに農業はあり得ない。機械に故障はつきもの。農繁期の機械故障は、待ったなしの農作業の段取りを大きく狂わす。しかも故障は想像以上の頻度で起こる。

このように田舎暮らしになって大きく変わったことの一つは機械を扱うことが増えたこと。農機具だけでなく、草刈り機、車、チェーンソー、電動工具、エンジンポンプ、バックホー、小型移動式クレーンなど。だから田舎の男衆は機械に詳しい人が多い。ちょっとしたことくらい自分で直せなければ仕事にならないし修理代金もかかる。家まわりの修繕の話と同じである。最初はどの機械作業も緊張するが案外慣れるものだ。

だが、燃料の種類には注意したい。ガソリン（ピンク）・軽油（黄）・混合油（青）と機械によってそれぞれ違う。間違えるとエンジンを駄目にすることもある。油に着色をして色ではっきりと分けた人は賢い。

これは良かった事例④

なるべく集落に入っていくようにした。いろんなことを教えてもらった。田んぼや農機具を手に入れるチャンスが増える。

炭焼き……魔性の職業？

よく分からないまま職に就いた炭焼き。旧守門村森林組合で、杉植林のために伐採したナラ、ブナ、モミジ、カエデなどの広葉樹から炭を作る仕事だ。材料、気候などに左右され同じものは二度と焼けない。常に炭焼き窯の状態を気にしながら毎回が真剣勝負。最高のものを焼こうと試行錯誤を繰り返す。ごく稀に納得のいく炭が焼けた時の充実感は忘れられない。吸気穴の調節と煙突のふさぎ具合により、焼きの調整をする。煙の色と匂いと温度で判断していくが、煙を触ってその湿気具合が分かるようになってからは焼きあがりが少し安定したように思う。煙を触るという方法は親方に教えてもらったものではなく、どのようにして覚えたかも忘れてしまった。ただそういう技術の積み重ねは、その仕事を自分の仕事として自覚させてくれる。木の伐採でもそうだが、経験によって感覚的な精度が高まっていくのはおもしろく、時間をかける甲斐がある。そして何よりそれが労力削減と効率化につながるところがいい。

揺らめく火の魅力がある。静寂の中、パチパチと燃えている炎の音だけが響く。飽きずに眺めていられる。体力はいるが、ある程度自分のペースで仕事ができる。天気が良ければ山の仕事は気持ちがいい。

堅くていい炭は長いまま運び出せる。
1本1本切り揃えていく。

炭焼きは悪くない仕事である。儲からないが。そこが最大のネックなのだが。

炭焼きには大きく分けて二種類ある。炭が冷めてから出す黒炭と、焼けたまま取り出し急速に冷やす白炭。堅い備長炭は白炭の一種。この辺りの白炭は小さい窯で普通二日ほどでひと窯を焼く。数多く焼けるからおもしろいが、窯を冷ましたくないので連続して窯に火を入れることになる。自ずと面積の広い米作りとの兼業は難しい。私がやっていたのは黒炭。大きい窯で、二トンダンプ四台分の丸太が一回で焼けた。作業がスムーズに進めば三週間に一度焼ける。一週間木を割り続け、二日かけて木を窯の中へ立てて入れ、二日近くかけて火入れをし、五日かけて焼く。主に焼いている間に木を伐って集めてくる。一日半かけて炭を出し、二、三日かけて原木を窯の中に立て込み、三日間は焼きあがった炭を切って包装し続け、と相当に根気がいる作業だ。一五〇kgをゆうに超える丸太を動かすことも多く、腰痛と仲良くなってしまった。

炭焼きの夢をよく見た。空気調節を失敗して灰になってしまう夢から覚めてホッとする。一度くらい大成功し無邪気に喜ぶ夢を見たかったなあ。

炭焼きの親方にはずいぶん可愛がってもらった。ミーティングと称して毎日夕方に日本酒。親方も昔からの炭焼きではなく、造林関係に長く携わっていた。婿としてこの集落へ来た。どの農具もボロで使うとすぐ壊れた……そんな話が多く炭焼き談義の記憶はほぼない。「この時間が一番楽しみなんだ」とうれしそうにしゃべっていた親方。田んぼの仲介をしてくれたりもした。地域で親身になってくれる人がいることはすごくありがたいことだった。三年後に炭焼きを引退し、その数年後にこの世からも引退された。

当時はまだ植林事業がかなりあり、そのために伐った広葉樹を炭に利用するという連動ができていた。が、国の方針で年々植林事業は縮小されていく。炭焼きのためだけに立木《りゅうぼく》を買い、木を伐って集めるのは経営的に厳しかったようだ。契約していた焼き鳥チェーン店も不景気のせいか中国産の安い炭に切り替えていった。私が来てから八年経って森林組合としての炭焼き事業はおしまいになった。私としては林業に関わることが大切だったので、森林作業員として森林組合に勤め続けることにした。今は造林地の下刈りや、杉の伐採などをしている。気が付くと森林組合内ですっかり古株になっている。

炭焼きの親方と次女。

炭焼きで生計を立てるのは困難と言われているのは二五年前も今も同じ。が、近年この集落には白炭焼きの若者が三人も増えた。一人はお嫁さんをもらい、周りも万々歳。若い夫婦は二〇年ぶりくらいだろうか。ここ数年、魚沼市がこの集落で「魚沼！　白炭塾」という催しをやっていて、県外からも塾生が来ている。その成果である。何より講師の人柄が大きいと思う。「なんとかなるよ」の声で背中を押す。面倒見もいい。窯を作ってあげたり、売っていない道具を作ってあげたり。が、それにしても、儲けるのが決して簡単ではない職業。三年間は伝統の技の継承ということで市から多少の支援が出るようになったものの、なぜわざわざ炭焼き職人への道を選ぶのか。農業で移住促進活動をしてもそうそう移住者は来ない。が、もっと大変そうな炭焼きで人が集まるこの妙。まぁ、元は自分もそうなんですけど。

先に書いた炭焼きの魅力は今の若い人にとっても同じなのかな。雪国の木は成長が遅くて年輪が細かく、炭もいいものができる。いい炭を活かして、今の炭の安値を乗り越え、炭のさまざまな用途の開拓や炭商品の開発、産直小売りもしながら、生業として成り立つ炭焼き職人になる、彼らのそんな未来を願っている。

山から大がかりに木を伐り出し、太い原木を割り、炭を焼く。東京での暮らしと違いはあったが、戸惑うことはなかった。

職業選択の不自由

今、第一次産業は若者の職業の選択肢に入っているのだろうか（さすがに炭焼きは入ってないだろうけど）。自分が高校生だった一九八〇年代は実家が先進的な専業農家でもない限り、現実的な進路選択の土俵には上がっていなかったように思う。それはもったいないことだなと思う。他の仕事でやる気や元気が出なくても、第一次産業で力を発揮できる人はたくさんいるはず。林業は自分のやった仕事の成果がはっきり目に見えるし、技術の向上も実感できる。農業は原因と結果を探りながらおいしさや収量を改善していくおもしろさがある。そして「おいしい」と言ってもらえる喜び。自己資金も自分の農地もない中で初めから農業一本で生計を立てるのはハードルが高いけれど、兼業なら安心。植物は周りの環境さえ整えてあげれば育ってくれる。思うようにいかなくても必ず次回の糧になる。高校の先生とかがそういう農家のやりがいのあるおもしろさを理解して、普通に進路の選択肢に入れて説明してくれたらいいのになあと思う。

高校の時、私は進路の選択ができなかった。別にグレていたとかではなく。今になってみれば選べるはずもなかったと分かる。農林業がこんなに自分の性に合うなんて知る由もない。これこそ何年かやってみなければ分からない。

子どもの頃から将来の夢を書く時には困らされた。幼稚園の時はウルトラセブンだったか。ウルトラマンや仮面ライダーじゃないところが微妙に地味。その後もちゃんとなりたい職業を書けたことはない。勉強が好きだったわけでもないが職業を絞れないので大学へ進学。数学が嫌いでなかったので深く考えず志望進路として建築系を選んでいたが、どこかの建築事務所で毎晩遅くまで働いているイメージを描いてしまい、つまらなそうでやめる。勝手なイメージにもほどがある。どうせ決められずに悩むなら人間関係の学科とか哲学科とか心理学科に進むか、と浪人の途中で変更。アバウトにもほどがある。マークシート試験のおかげかたまたま某大学の哲学科に滑り込む。卒業後の就職先が圧倒的に「不明」が多い哲学科だ。

大学在学中にしていた、子どもたちを山などに連れていくボランティア活動は、問題意識の高い社団法人が主催していた。そこからつながった世界との接点、まともな大人たちとの出会い。連れ合いともそこで出会った。大学生の時間があったから私はここにいる。「大学まで行かせたのに」と思っているかもしれない親。「大学に行ったからこうなった」と思っている子ども。大学に行かせてくれて、そして人生を自由に選択させてくれた親には感謝している。

これは良かった事例⑤

自分が納得できる仕事が見つかったら本気でやる。それは周りにも伝わる。

農林業の負の要素

持ち上げてばかりでも客観性を欠くので、農林業のマイナス面や気がかりな点も挙げておく。

農業は突然作物がダメになることがある。台風、水害、冷害、干ばつ、作物の病気、獣害。これは正直やむを得ない。学習して防げるものは対策を練る。ボタン一つ押せば済むものではないので、頭と身体、もしくはお金を使う。農業共済などの保険もあるので利用するのもよい。私も水害の時には農業共済保険に助けられた。畑での獣害被害はうちはまだ解決しき

2011 年の水害。
川が氾濫し、田んぼが川砂で埋まる。

れていない。上越市の友人は山の中の田んぼで猪に何度もやられて耕作を諦めた。それもやむを得ない。

田んぼの場合、必要な農機具が多く、倉庫や作業スペースもいる。そういう意味では新規就農のハードルは高い。そこは地域の人とつながって乗り切りたい。借りたり徐々に中古機械を手に入れたり。最初はお世話になるしかない。農地を借りられるかどうかの問題もある。だから私の住む集落に来て就農したい人がいれば協力したいと思う。自分がしてもらったように。本気でやろうとしている人であれば。

林業で最も気を付けるのはチェーンソー、刈り払い機でのケガ。一瞬の不注意で一か月も休むことになることもある。もちろん、もっと深刻なケガだってある。全くケガをしたことのないベテランもいるから本人次第の側面が大きいが、日本林業全体の安全教育の問題もある。

山仕事は当然、斜面の昇り降りも多く、多少体力もいるが一年頑張ればたいていは馴染むと思う。

農林業共に意外に悩まされるのは虫かもしれない。ブヨ、蚊、アブ、蜂。虫除けや網などの予防もするが、それでも刺される。「耐性」も付く人はかなり付くが、個人差がある。蜂に関しては抗体検査を受けた方がよい。ショック症

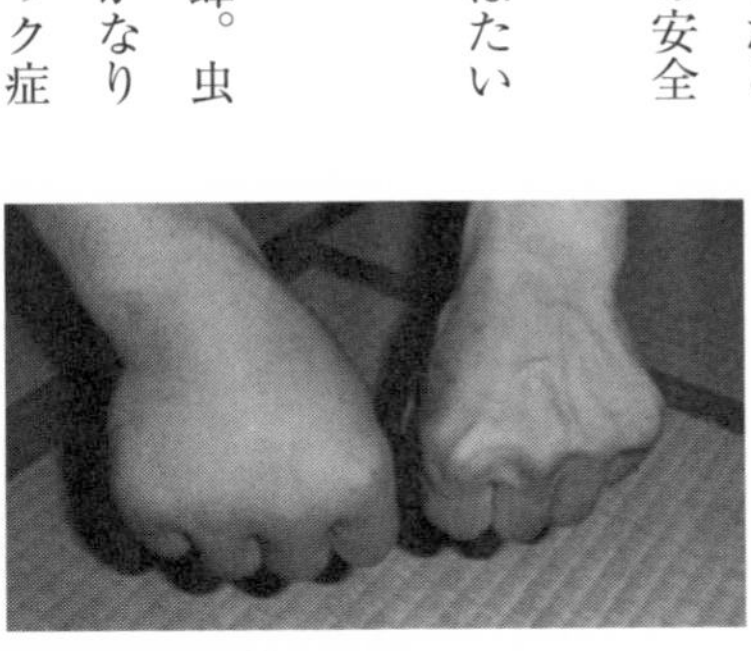

アシナガバチに刺される。
24 時間で腫れはだいたい引く。

状が起こる人もいるので。自分はこれまで一〇〇回以上（特別多い）刺されているけど今のところ平気。ひどい時は一度に背中にスズメバチ五針。そのまま河川除草を続けた。これは常識外れかもしれない。

また、農林業共通だが高額納税者になるのは難しい。よほど資金があったり、特別な人脈や商才がない限り。でもあるもので足る精神なら心配なし。都会ほどお金がかからないし……って、こういうところだけは楽観的な私。

6月

田んぼで一番きつい作業は？

花が好きで詳しい人にはきっと魅力的な季節。花に無頓着な自分でもきれいな花が咲いている草を刈るのには躊躇する。種が落ちると来年、刈る量がさらに増えるかなあと思いつつ。

田植えの五月や稲刈りの九・一〇月と比べれば目立たないが、稲を育てる時期としてはとても重要な六・七月。水管理、草刈り。そして大事な中干し（苗の株分けつが進んだ後、田んぼを干す）と溝切り（水がしっかり抜けるように田んぼ全体に細い溝を掘る）を行う。

私が農作業の中で一番きついと思うのは内畔《うちあぜ》の泥上げ。山際の田んぼは山側から水が出てくることが多く、田んぼ内の溝切りだけでは乾かないところ

内畔の泥上げ。田んぼの水面より下がるように毎年掘り上げる。

がある。かなりある。そういうところには田んぼの中にもう一つ畔を作り、山から来る水を逃がすための土側溝《どそっこう》を作る。その溝が田んぼの水面より下がっていないと意味がないので毎年泥上げをする。泥は重く腰に負担がかかる。前述の水路（コンクリートU字溝）とは別に全長一㎞くらい。最近では一人ではやり切れず、山仕事の若い同僚に週末アルバイトを頼んでいる。

水害が米をうまくする？

追肥《ついひ》も何度かする。「出穂《しゅっすい》四〇日前のミネラルが効く！　丈夫においしく！」。そんなうたい文句に乗せられる。このなんとなくお米をおいしくしそうに聞こえる「ミネラル」とは？　「一般的な有機物に含まれる四元素（炭素・水素・窒素・酸素）以外の必須元素」。人体で言えば四％にあたる一一四種類の元素。中でも人間にとって必須のミネラルは一六種類。カルシウム、リン、カリウム、硫黄、塩素、ナトリウム、マグネシウム、亜鉛、クロム、コバルト、セレン、鉄、銅、マンガン、モリブデン、ヨウ素……、覚えられない。植物でも同じようなミネラルが必要とされる。この時期撒いている肥料にはこのうちの七種類が含まれている。人間で言えば「肉だけでなく、海産物やいろんなものを食べなさいね」みたいな感じだろうか。

なぜこのミネラルに注目したか？

モミの乾燥機が小さくて少しずつしか玄米にできなかった頃、新米の食べ比べをしていた。すると穫れた田んぼによって味が違う。特においしく感じる田んぼが何枚かあった。その田んぼの近くの人に「この辺りでおいしいと言われていた田んぼはありますか?」と聞いたところ、私が感じていた田んぼとほぼ同じ。そこはこれまでに何回か川が氾濫して川からの土砂が流入している田んぼだった。私の管理下でも一度やられて、二枚は耕作を諦め、三枚は重機まで入れて直した田んぼだ。

世の中には食味計というおいしさを数値に表す機械がある。広範囲に散らばる田んぼの米をピックアップしてその検査に出したこともある。食味計の数値が高い田んぼの方がおいしいとは限らなかった。一〇〇点中、八三の数値が出た田んぼより、水害に遭ったことのある数値七八の田んぼの方がおいしいと私は感じた。その理由は川の中にあるミネラル分なのではないだろうかと推測。数値に表れない大事なものがあるに違いない。

そんなわけでなるべく多様なミネラル分を含む肥料や有機肥料を入れるようにしている。入れているのはミネラル肥料だけでないからはっきりしたことは言えないが、田んぼは肥料を変えて三年くらいで味が変わってくる。ミネラルの効果が少しはあるのだろうと感じている。味や粘りについては好みの問題もあるのでどの米がいいか一概には言いきれない。ただ、今年は特においしいと感じた年は口コミや贈呈など売れ行きの具合が違う。おいしさについてあまりあれこれ言うのもどうかとは思いつつ、より良いお米を作る努力は報われるし営業活動にもなる。そういうところは農業のおもしろさだと思う。

実はこれまでで私が一番おいしいと思ったお米は、牛堆肥だけの肥料で、初めて作ったお米。粒も大きくなかったし、今食べ比べればおそらく旨味もそれほどでもないと考えられるけれど、初めての感激が加わったのだと思う。おいしさは数値だけではないというもう一つの例かもしれない。

米作りで分かったこと分からないこと

とにかく分からないことが多い農業。ある時、田植え機の自動肥料撒き部分（植えるのと同時に肥料を撒いていく部分）が壊れた。植えた後に動力散布機で肥料を撒くことになるのだが、すでに撒かれていたところにまで撒いてしまったことがある。倍の肥料を撒いてしまったのだ。焦った。一体どうなることかと思ったら、どうともならなかった。すごくたくさん実るとか実りすぎて稲が転んでしまうことにならないのはなぜなのか。逆に肥料は半分でも大丈夫なのか？　とも思ったがそれを試す度胸はない。ちなみにこれはあくまでも元肥の話で、穂を肥やす七月終わりの窒素分の追肥（穂肥《ほごえ》）をあげすぎれば必ずと言っていいほど倒伏するので試してはいけない。

田んぼの違いを知りたくて一〇か所ほど「土壌分析」というのをやったこともある。味を数字から読み取るのは正直難しかったが、おいしい田んぼは苦土が多いという共通点が見られた。これが多いと肥料成分をしっかり吸収できるらしい。なるほど。でも、そもそも「苦土」って何だ? 「酸化マグネシウム」? マグネシウム? 検索してみると「酸化マグネシウムの便秘薬 おなかスッキリ大掃除!」なんていうのが出てくる。あれこれ読んでも分かったような分からないような……。しかもその苦土だけを大量に田んぼに与えることは難しい模様。各種肥料の中に少しずつ含まれている。

土壌のバランスを整えていくのが大事らしいので苦土成分と全般的に足りない石灰分とカリ成分を多く含んだ肥料を与えることにしよう……、そんな風に良かれと思って計画していくと増える一方の肥料。多い時には七種類八回もあげていた。

はっきり分かったこともある。有機肥料やミネラル肥料などさまざまな肥料を入れているとお米がおいしくなること。そしてさまざま入れすぎると身体と家計がピンチになること。

バケツ苗実験

そんなピンチを脱するため、より効果的に肥料の種類を絞り込むためにバケツ苗の実験をしてみた。少々マニアックな話になる。無肥料、有機肥料、化成肥料、化成有機混合、追肥の仕方を変えるなど八種類で試す。同じ田んぼの土で三本植えに。自作の苗でなるべく同じようなものを選ぶ。が、それでも初めの成長具合は苗の良し悪しが出る。明らかに変化が出たのは出穂四〇日前のケイ酸分の追肥。この育成効果は、モミの収量にまで影響した。農協や肥料会社が推奨しているケイ酸分追肥は販売戦略ではなく実用的なものであった。なんて、そこまで疑わなくてもいいんだけれど。これは見返りが大きいので外せない。食味にも関わるようだ。

早い段階でのリン酸分追肥は株分けつへの効果が見られた。これは近くの元ベテラン農家さん(注)からの教え。根への施しだ。株は最大の二五本になった。根が元気に育つことはその後の成長の安定につながる。この肥料も外したくない……、と絞り込みは揺らぐ。

問題の食味だが、残念ながら手持ちの小さな精米機が途中で詰まって故障してしまった。その結果、八種類のうち三つは白米、三つは玄米で、二つは詰まってダメになってしまった。コップに入れて炊いて味見。コップの形も違うので雑な実験である。どのバケツの米か分からないようにして夫婦でそれぞれ香り、甘み、味の濃さなどで評価を書く。ほぼ同じ評価。玄米の味は連れ合いの方がよく分かってい

(注) 一反で八俵(四八〇kg)穫れれば上出来と言われているこの山の中で、現役の頃は常に八俵半以上穫っていた米作りの名人。お隣の橘博さん。稲を転ばさぬように田んぼ全体にムラなく実らせる。田んぼの中に入り、稲の成長具合を確認しながら適切に施肥を行う。水管理の仕方など、名人の田んぼの管理状況を眺めながらいつも参考にさせてもらっていた。米作りに関して質問すれば惜しげもなくいろいろ教えてくれる。話していると楽しくて時間を忘れてしまう。水まわりの管理や草刈りも完璧だった。見事な草刈りの後、きれいに咲くネジバナ一輪やヤマユリが丁寧に残されていた。技術だけでなく、その人柄に魅かれる。

【2019 年度　バケツ苗実験】
5/27　3 本植え

	①	②	③	④	⑤	⑥	⑦	⑧
元肥　4g (40kg /反)換算	無し	バイオの有機 s ボカシ肥	満天有機	宇部スーパー	宇部スーパー ホスビタ	宇部スーパー ボカシコンブ	宇部スーパー	宇部スーパー
6 月中旬 追肥 2g (20kg/反)							塩化カリ	過リン酸石灰
6/25 (1 ヵ月後)								根の育ち良し
株数 (7 月初)	15 本	16 本	20 本	24 本	21 本	22 本	14 本	25 本
7/3 ケイ酸追肥 3g (30kg/反)					ハイグリーン	ハイグリーン	ハイグリーン	ハイグリーン
7/27 (2 ヵ月後)								
7/27穂肥2g～3g (30kg/反)		バイオの有機	サカナエキス	宇部スーパー	宇部スーパー	宇部スーパー	サカナエキス	サカナエキス
8/24 (3 か月後)								
モミ収量	24g	36g	41g	33g	59g	53g	47g	52g
食味	○	△	?	△	○	◎	?	◎
食味形状	玄米	玄米		白米	白米	白米		玄米

＜バケツ苗実験で使った肥料 10 点の成分＞
・**バイオの有機 s**：チッソ 7.2% リン酸 4.0% カリ 2.5%
・**ボカシ肥**：手作りのため成分不明
・**満点有機**：チッソ 10% リン酸 13% カリ 7% マグネシウム 2%
・**宇部スーパー**：チッソ 10% リン酸 16% カリ 14% 苦土 3%
・**塩化カリ**：カリ 60%
・**過リン酸石灰**：可溶性リン酸 17.5% 水溶性リン酸 14.5%
・**サカナエキス特ペレ DX**：チッソ 7.1% リン酸 4.3% カリ 2.4% 苦土 1%
・**ボカシコンブ**：チッソ 1.8% リン酸 0.5% カリ 0.1% 塩化ナトリウム 0.58% その他各種微量ミネラル、アミノ酸
・**ホスビタ**：リン酸 13% コロイドケイ酸 13.5% 苦土 11.5% マンガン 0.3% ホウ素 0.23% 鉄 1.04% 銅 0.01% 亜鉛 0.026% モリブデン 0.003% コバルト 0.003%
・**ハイグリーン**：コロイドケイ酸 16%　マグネシウム 14% マンガン 0.4% ホウ素 0.3% 鉄 1.2% 銅 0.02% 亜鉛 0.03% モリブデン 0.004% コバルト 0.004%

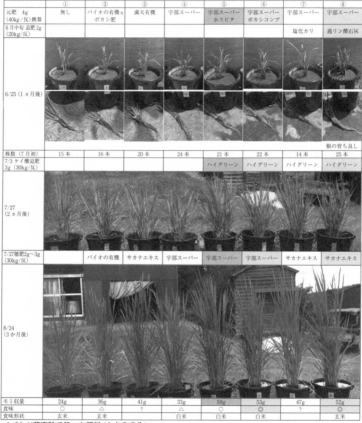

る感じだ。全般的に言えば成長がいい方が食味は良い感じ。同じような育ち方であれば有機肥料が入った方が香りと甘みが出るようである。玄米炊きは有機肥料の方が柔らかくなる。という具合であった。有機のお米を白米で食べられなかったのは惜しかった。これは私の予想だが、有機はずっと有機でやっている田んぼの方がおいしくなるのではないだろうか。ただ、有機栽培の場合、肥料は多めにあげないと収量は増えないように思う。

稲が欲する肥料をちょうどよくあげて、土作りや食味に影響の大きい穂肥を有機で、という基本路線はこれまでと同じで良さそう。外したくない肥料が決まって、五種類くらいまで絞り込んでも味と収量は安定させられる、……のではないかと思っている。

何かしら試しながら、来年はもっとおいしくなる、と毎年思っている。

でも最後は天気次第なんだよな、とも毎年思っている。

これは良かった事例⑥

安全とおいしさを求めたら農業がおもしろくなった。お客さんも増えた。

山仕事

森林組合の仕事

山仕事には六月から勤め始める。夏の山仕事は大量の汗をかく。水分だけ摂っても熱中症になるので休憩時に岩塩を舐めている。大量の汗をかいたときは旨味さえ感じるが、あまりかいてないときはしょっぱいだけ。そういう身体の反応はおもしろい。胃腸が弱るので冷たい飲み物は飲まない。外でも家でも。これは夏バテ予防に効果があると人にも勧めるが乗ってくる人はいない。

森林組合の仕事に馴染みのある方は少ないと思うので、大まかに説明をする。

■植林

かつては森林組合の核であった仕事。ここ旧守門村森林組合においても一九六〇年代前半から始まり、年間に二〇～三〇ヘクタールも植えられ、全部で一〇〇〇ヘクタール以上、杉が植えられた。東京都中央区と同じくらいの面積だ。植える時は育った木の搬出のことまでは考えきれておらず、大きく育っても奥地で林道や作業道もないため、簡単には搬出できない木もある。それは残念なことだが、造林事業が雇用の創出に大きく貢献したのは間違いない。その雇用は現在にも通じている。

山にいきなり苗は植えられない。天然林や「ボイ山」と呼ばれる、村人が生活のため（風呂や食事作り用の薪、囲炉裏にくべる木、炭焼き）に木を伐り出す山でいったん全部伐り、植えやすいように片付ける。「地拵《じごしら》え」と呼ばれる作業だ。その木を無駄にしないように炭焼きにも利用していた。

五〇kgを超える杉苗を背負って山を一時間以上歩くのはざらであったらしい。その時代に来ていたら私は森林組合の仕事が務まらなかっただろう。植えるのはほぼ杉のみ。ほんの一部で杉とイヌエンジュ（床柱や框《かまち》などに利用される）が植えられたこともあったらしい。

今は大がかりな植林はほとんどなくなり、雪崩防止や土砂崩れ防止のための植林や記念植樹などがたまにあるくらいである。

植林作業。クワで穴を掘り植える。石や木の根があるので畑のようにはいかない。

■下刈り

杉は植えたままだと雑草や雑木に負けてしまう。そのために杉だけを残すように植栽地の全面を刈る。刈った草木は杉苗の肥料になる。植えてから八年くらい毎年行う。下刈り中、時には杉苗を伐ってしまうこともある。近くの切り株などに当たり刃が跳ねられてスパッと……。柔らかくてよく伐れる……。雑草の中で見えないことも多い。伐ってしまった苗を土に刺して復活を願ったりするが、少なくとも豪雪地帯では無理な話である。ベテランでも丸一日刈って一本も誤伐しない人は少ないだろう。苗があまりに小さい時は誤伐しないように苗の周りを手刈りしたり、苗にテープを付けたりもする。大っぴらに誤伐の報告などはしない。慣れなければ一日に二桁誤伐もあり得る。きっと皆、バツが悪くて言えないのだろう。

初期の下刈りを終え、植えた木が大きくなってからも周りの雑木などを伐る。これを除伐と呼び、これをするとしないとではその後の生育が大きく異なる。適期に行わないと雑木が大きくなりすぎて手間がかかりすぎる。栗やホウの木は杉を越えてぐんぐん伸びる。

下の写真の杉は根元が大きく曲がっている。これが雪国の証拠。湿気が

除伐と呼ばれる植林地での下木刈り。刈った雑木は杉の栄養になる。

植林地の下草刈り。植えた杉を伐らないように要注意。

多く重い大量の雪で杉が横になり、春になると起き上がろうとする。それを繰り返すうちにこの「根曲がり」が出来上がる。昔は緩い曲がりであれば構造体として見せる梁《はり》として使われることもあったようだ。今ならごく稀に個性的なテーブルとして姿を変えることもある。が、ほとんどはバイオマス燃料やチップとなる。

■枝打ち

適期に枝を落とすことにより、節のない良質な材になる。下の方に枝があると雪に引っ張られ、根曲がりどころか斜めに成長してしまうことも多く、それを防ぐためにも必要な作業である。また、この地域での枝は雪の重さに枝が耐えられるように太く大きくなる。放っておいて自然に落ちる枝ではない。大きな節があると丸太市場や合板工場に出せなくなる。枝打ちを丁寧にしてきた材と放置されてきた材とでは最終的な木材の価値が大きく変わる。それが分かっていながらも、予算の関係で満足な手入れがされていない杉が多い。

植林や下刈り除伐、枝打ちといった仕事のほとんどは、国と結びつきの強い「国立研究開発法人　森林研究・整備機構　森林整備センター（旧森林開発公団）」、もしくは県と結びつきの強い「新潟県農林公社」からの仕

4mまで落とす枝打ち。

事となる。前者はすそ枝払い（地面に近い枝）以外の枝打ちはしない、後者は植林をやめたなどそれぞれの方針があるのだが、いずれにせよいくら森林が荒れようと、そうした団体がお金を出さない限り、森林組合が自腹を切って事業を行うことは難しいのが現実だ。

これら、下刈りや枝打ちなどの保育の仕事を総称して「森林整備部門」と呼ぶ。

■間伐

育てた木を伐って、搬出して売る。近年、事業割合が急増している重要な部門。「林産部門」と呼ばれる。後でページを変えて掘り下げてみる。

高所の枝打ちは得手不得手あり。私も得意ではない。

■土木・建設業、測量会社などからの依頼

伐採や刈り払い。各業者が自分たちで手に負えないものを頼んでくるので危険度の高いものが多い。

急斜面、大木、倒す場所が限定される、もしくは倒す場所がない、など。急斜面では片手で生えている木をつかみ、刈り払い機を片手で扱ったりもする。立っていられない崖ではぶら下げたロープにつかまって、枝打ち機を背負って伐ることもある。新潟県中越地震などでもそうであったが、災害後の復旧作業で重機が入れるようにするには森林組合の仕事は必須となる。

土砂崩れの現場。初めに木々を伐って片付けないと復旧作業に入れない。

■道路除草

国道や県道の草刈り。都会ではあまり必要ないが、地方だと生い茂った草で道路の幅が狭くなり視界が非常に悪くなるため必須だ。ガードケーブルなどに絡みついたツルなども取る。刈りっ放しではいけないので片付けも並行する。車の事故防止にもつながる。作業は暑い時期にあたり、アスファルトの照り返しの強さを実感する仕事。

■河川除草

川沿いの草刈り。刈ればきれいになるというだけでなく、これをしないと、悲しいかな、ゴミが捨てられ、ゴミがゴミを呼んでしまう。狭い道だと毎年刈っていないと草が繁茂し、まともに通れない道になってしまう。

カメムシの防除にもつながる。蜂に刺される可能性が最も高い仕事である。ぼうぼうの草の中にアシナガバチやキイロバチなどが巣を作る。スカンポ（イタドリ）の多い地帯は要注意。先頭で刈っていると一日に蜂の巣に三個、四個と出合うこともある。気を付けていても、いきなりガツーンと来ることが多い。蜂に刺されないように長袖を着る、というのは効果なし。半袖の場合、逆に露出している腕の部分を刺されることは滅多になく、手袋をしている手が一番多い。動いて目立つ色のものを狙うのだろう。蜂だけでなく、蚊やアブの類もいるから半袖を推奨するわけではないが。

川沿いで一見涼しげだが、日陰もなく蒸すので時期的にも最も暑い仕事である。

魚沼市の森林組合はこうした現場作業だけでなく山菜工場での仕事もあるが、林業系の仕事はこのような感じ。どの作業もやった後はきれいになって気持ちいい。

きれいになると見通しがいいだけでなく、ゴミも捨てられにくくなる。

売るための伐採

二〇〇二年に約一九%まで落ち込んだ木材自給率。二〇一六年には約三五%まで回復。その変化は仕事を通じて実感できる。これまで伐り捨てていた間伐材は林道を作って搬出されるようになった。その面積が毎年増え、雪が積もる前の追い込み仕事の時期は年々忙しくなっている。

魚沼市森林組合が管理に関わる広葉樹林を含む山林の所有は個人が八一一四ヘクタール、市が一万三二九七ヘクタール、区などその他二五ヘクタール。組合の出資者は六四一人（法人も自治体も含む）。主にこうした中で、立木を売るための伐採が行われている。

木材の値段が安すぎるので、山の持ち主にお金が入るようにするには工夫がいる。

■補助金の利用

魚沼市の個人所有の山の面積は小さい。遂行可能な、なるべく大きな面積を集め、「森林経営計画」（五年で一期）を策定することにより、国から県や市を通した各種支援交付金や税制上の特別措置を受けられるようになる。現状、これがなければ赤字必至である。

■効率化

伐採、搬出作業の効率により、収益は大きく変わる。林道をどのように作るか（ちなみにオーストリアの林道密度は日本の三倍）、どこまで手間をかけて木を引っ張り出すか。丸太の置き場や搬出の段取りも大きな要素。同じ現場はないので一つひとつの判断が大切になる。長さ三〇mの木を一本倒し処理する時間も、伐倒方向一つで二〇分から一時間と変わってしまう。チェーンソーの刃が切れるか切れないかでも大きく時間は変わる。こうした小さいことも含め、作業員全員が効率的に主体的に動かないと時間的ロスは簡単に増えていってしまう。若くて経験が少なくても自分で考えてやるべき仕事を見つけられる人は主戦力に育つのが早い。効率化にはそうした優秀な人材の確保が大きい。そしてそれを支える、危険度に見合うだけの給与体系は必須のはず。その体系を骨太にするのに必要なのは、立木価格の適正化への関係諸団体の努力と国の林業全般への支援強化だと思う。

現場での効率化で言うと高性能林業機械の導入も方法の一つ。ただし非常に高価でこれまた補助金なしでは難しい。各県に「県単（県単独事業）」と呼ばれる補助事業がある。新潟なら新潟県農林水産業総合振興事業。資格要件が多く、五年間の利用効果や実施面積などの報告が必要。購入したい機械の三～四割が補助となる。

雪国ゆえの悩ましさもある。ハーベスタと呼ばれる機械がある。木を伐り、枝打ちをし、玉切り（必要な長さに輪切りにすること）をし、丸太をつかんで移動までできる優れた機械だ。一度レンタル機を使用したが、雪により木の曲がりが強すぎたり枝が太すぎたりしてスライドすべきところで機械が止まってしまい、枝が切り落とせない。結局、手元の作業が必要になり、思ったほどはかどらなかった。最も効率化を図れそうな機械は、木が真っすぐで枝が細くなければ力を発揮できないのであった。

■売り先

丸太の売り先は主に木材市場、地元の製材所、合板会社、バイオマス発電会社、チップ工場となる。

地元の製材所で売れるのが地産地消で一番無駄がなくて良い。が、需要がそれほど多くはないし、売れる材が限られる。新潟市の丸太市場で高値が付くのも良いがリスクも伴う。半分しか売れないのもよくある話で、いつまでもそこに置いておくことができない。それならば売値が安めでも初めから全量を合板工場へ運んだ方が良いことも多い。ここ数年来、国産杉の合板がホームセンターでも普通に見られるようになった。

合板工場

丸太市場

現場によって材の質も違うし、発注者側の希望もあるので単純に儲かる方程式にあてはめられない。常に変わらないのは、原木の運搬コストの負担が大きいことだけである。

二〇〇一年度の新潟県着工件数（増改築含む）は約一万七八〇〇件、二〇一八年度は約一万四二〇〇件。今後も右肩下がりが続くのであろう。不景気や少子化で新築が少なくなっているのは確かである。だが、もしもそれが外材を使う大手住宅メーカーでなく、すべて国産材を使う工務店が建てる家に替われぱそれなりの需要になり得る。我が家は構造体はもちろん、外壁だけでなく内装もほぼ無垢の杉板だが、これは正解だったと思う。合板や壁紙の接着剤の心配がないし、雰囲気も香りもいい。時間が経てば色艶などで味が出る。時間と共に劣化する塩化ビニール樹脂の壁紙より少し手間がかかったとしても十二分の価値がある。

バイオマス燃料にする材は燃すだけなので節があっても曲がっていても良い。が、単価は安いのでそこにばかり売っていては収益は上がらない。

現組合長に森林組合の今後の展望を聞いたところ、「林産部門（木を伐って売る部門）が重要である」とのこと。成長の遅い魚沼の杉も保育だけの時期から伐期に入った。これから長い間、木を伐って売ることが仕事の中心となるに違いない。ただ、ここ魚沼地域は積雪が早く、一二月を待たずして丸太を搬出できなくなることもあり、時間的な制約が大きい。春もゴールデンウィークになっても、まだ残雪で現場に入れなかったりする。作業班の人数や重機の問題もあるし、伐期の林があっても簡単に伐採・搬出の面積を増やすのが難しいのも事実である。

豪雪による杉の曲がりにもリスクがある。丸太を輪切りにするのも、真っすぐの木ならどの長さで切るか迷うこともないし、長尺物も簡単に揃う。真っすぐに育てるには雪のない地域よりも多くの手間をかけなければいけない。

同じ杉で比較するならば唯一の長所は木の強さだろう。魚沼地域は木にとって厳しい環境で成長が遅く、年輪の密度が高い。その堅さはチェーンソーで伐るときや丸ノコで角材を加工するときにも感じられる。密度の高い材は弾性と耐久性に優れる。そうした長所のアピール活動もできるといいのだろうが、そこまで手が回っていないのが現状である。

伐採エピソード

伐採は成功して当たり前なのだが、そうはいかないこともある。絶対にこちら側に倒さなければいけないというような緊張感のある木はまず失敗しない。それ相応の準備と心構えがあるからだ。失敗するのはたいてい簡単な木。なんてことのない木だから気が緩む。人間は丸一日ずっと緊張し続けることはできない、……なんていうのは言い訳だが、他の人も似たような感じらしい。

大木を倒す場所がない時はどうするか？　クレーンで木を吊り上げて下ろせる所に下ろす。ということはまず木の上の方にワイヤーを掛けなければいけない。下の写真の真ん中辺りの四角い物がカゴ。そこに作業員が乗る。これを木の上の方まで吊ってもらいワイヤーを掛ける。三〇ｍを超えることもしばしば。これは怖い。その高さで風で揺れたり、クルクル回ったりすることもある。遊園地のアトラクション好きにはうってつけ。が、高いところが苦手な者には修行に近い。自分はそっち。長い木がほとんどで、何分割かして伐ることが多い。上空で吊られながら、カゴの中で邪魔な枝を伐りながら幹に近付く。一人は、枝をつかみカゴが動きにくいように押さえる。もう一人がカゴの外に手を伸ばしてチェーンソーで幹を伐る。クレーンで吊られているとはいえ、切り離す瞬間は緊張感が漂う。伐採の失敗は事故につながりやすい。バックホーやウインチを扱う時もそうだが、伐採でのコンビの仕事は

クレーンで吊られたカゴの中から伐採を行うこともある。

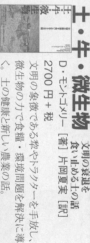

信頼関係が大切。お互いの技量を理解し信頼して、集中してこそ成り立つ仕事を滞りなく終えた時の安堵と充実感は大きい。

伐採の前に必ずチェックしなければならないことがある。周りに人がいないか、倒してはいけない方向、木の重心（傾き）、枝ぶり、腐れ具合。そしてツルだ。細いツルでも他の木と絡まっていれば倒れなかったり伐倒方向が変わってしまったりする。三〇mにもなる木の上の方だと見えないこともある。

間伐の時、かなり大きい木を倒した……つもりが倒れない。ツルが絡まっているのに気が付かなかった。重機もないしツルが絡まっている隣の立木も伐倒するしかない。倒そう……、まだ倒れない！　もう一本にも絡まっている。大きな木が二本傾いたままである。これは放っておくには危険すぎる。諦めてさらにもう一本倒す。合計三本の大木が地響きを立てた。林の中にすっかり空間ができてしまって格好悪かったが、元には戻せない。「ツルのチェックが甘いとこういうことになる」という若い人への説明例に使っている話だ。

腐れ具合の判断は難しい。チェーンソーの刃を入れてみないと分からないことが多いからだ。伐る時には木の残し具合やクサビなどで倒す方向を決めていくのだが、木の中が腐っていると、調整が利かず思わぬ方向に突然倒れてしまうことがある。ベテランの先輩が伐り始めたのを確認し、そろそろ離れようかなと思った瞬間に倒れてきて驚いたことがある。なんという早わざだと思ったら、伐り始めたら中ががらんどうだったらしい。腐れ具合は木をノックしてみるとある程度分かるのだが、危険なほど腐っている木は滅多にないのでつい忘れてしまう。

半分腐った木を伐った時、切り株の中からおぞましいほど大量の蟻が湧き出てきたことがあった。十数年も前だが、うごめく黒いかたまりが未だに脳裏に焼き付いている。

ある時、少し離れたところで後輩が伐採をしていた。突然「うわー」と後退した。同時に何かが離れていった。ハクビシン（タヌキに似た獣）であった。木の下の穴の中に巣があったらしく、伐採中に飛び出してきた。驚いてケガをしなくて良かった。驚きは相当であったろう。

伐採ではないが除伐の最中、妙な物体に出合ったことがある。黒い毛に包まれた丸い物。熊の赤ちゃんであった。両手に乗るくらいだが、異常に密度の濃い重さ。これはさすがに母親が戻ってくるだろうと思われ、元に戻しておいた。次の日にはいなくなっていた。マレーシア・ボルネオ島で保護されている子熊と遊んだことを思い出す。ぬいぐるみのような可愛さであったが、人の赤ちゃんぐらいの大きさなのに大人ほどの力があって面食らった。

あまりエピソードがあってはいけない安全第一の作業。木は一本一本すべて

出合うとうれしいキノコ。
天然のなめこは味が濃い。

違うので、何年やったから覚えたと言い切れることはない。どこから一人前なのかもよく分らないが、重要でやり甲斐のある仕事なのは確かである。

林業先進国との比較

山がちで小規模所有者が多く、日本と条件が似ているドイツ、オーストリアなどの林業先進国の近代林業と呼ばれるその生産様式は、日本とはかなり違う。日本のような杉単品大量生産ばかりではなく多品目少量生産がかなり多い。一本一本の付加価値が大きい。魚沼市に森林組合も関わる「森林・林業再生方針」（魚沼市ホームページより）というのがある。その中の「森林整備の方法」の項には「強度間伐等の実施による針広混交林への誘導」とあり、「良質材の生産と安定供給体制の確立」の項には「天然林については資源を有効活用するため、利用可能な資源の把握、搬出可能な林地の把握ができるよう地図化及びデータベース化を進めます」とある。市にも多品目少量生産の視点がないというわけではないのだ。ただ、現実問題として供給できる広葉樹の把握はあまりできておらず、広葉樹の需要自体も少ない。そこは営業努力により需要を作り出すべきなのかもしれないが、人的に余裕がないのが実情と思われる。

全般的にはそうした傾向であるが、市内ではかつて薪炭林だったブナ二次林を用材として活用する活動も生まれている。「スノービーチ（雪国のブナ）プロジェクト」呼ばれ、メンバーの材木店では乾燥施設も有し、ブナの集成材や挽き板が販売されている（私自身は行ったことはないが当森林組合でもその間伐の仕事を受けている）。市の公共施設や新潟駅などでの利用も進んでいる。新潟大学で研究調査もなされており、紙谷智彦名誉教授の「長期的にブナ林を活用し続ければ、いずれは原生林のような林相に誘導することができます」（『林業にいがた２０１８・12』新潟県林業改良協会）という記述にはワクワクした気持ちにさせられる。こうした事業が力を付けてくれることに期待したい。

国産材の価格が安い要因の一つには無乾燥ということがあるらしい。製材するにせよ合板にするにせよ、どこかで乾燥を行わなければならない。当森林組合が丸太を売る時は生木の状態が常である。先ほどの市の方針に「地元産スギ材の付加価値の一環として自然乾燥材の取組を検討します」とはあるが、これもまた実現には距離がある。

近代林業における間伐は優勢間伐（よく育った木を伐り、その後、周りの木が育つ）であるべきだと言われるが、魚沼では劣勢間伐がメインとなっている。良く育っている木がたくさんあればそれを伐ることができるが、雪害がひどく、優勢の木ばかり伐ると細すぎる杉や、折れたり斜めの杉しか残らなくなってしまうところが多い。下手をすると椿とカヤと笹ばかりになってしまう。当然、質の悪い木ばかりの搬出でも収益が上がらない。間伐前には伐採範囲内をすべて歩き、伐る木に印を付けるのだが、どれを残すかは本当に悩ましい。絶対的に選択肢が少ない中で優勢の木を伐るのには経験だけでなく度胸が必要になる。

森林には三大機能があると言われている。一つは生産機能。二つ目は環境保全機能。ここまでは身近でよく分かる。三つ目はレクリエーション機能。ドイツや北欧では特に重要なものとしてとらえられている。私がたまに東京に行くとすごくストレスを感じるのもつまりはそういうことなのだろう。山に住み、山仕事や山菜採りなど日常的に山が近いと、あえてレクリエーション機能を意識することはなくなってしまう。魚沼市の森林率は八四％。ある意味、贅沢な数字だ。潜在能力はあるに違いない。

実際こちらの集落の有志で企画運営している田舎暮らし体験ツアーでの、早朝の森の散歩はすこぶる評判が良い。とりわけ雪山の林を一時間半ほどで回るコースは格別の満足度だ。地元の人の昔からの山の利用の仕方などの解説を聞きながら、キラキラする凍った雪の上を歩く。途中で御来光に歓声をあげる。天気に恵まれればワールドクラスの気持ち良

早朝の雪山を歩くレクリエーション。日の出に足を止める。

さではないかと思う。ただ、こうした森の散歩体験も森林の機能として林業経営の一環として考えられているかと言うとそこまでは至っていない。満天の星、桁違いに多い雪、心地良い森、そういうものの中で休暇をゆったり過ごせる仕組みを、自治体・集落・森林組合・観光協会などで連携して作り上げていけるといいのかもしれない。そういう余暇の過ごし方のニーズもあると思う。だが、このままでは生まれない。それを築くための新しいマンパワーや多くの要望が必要だろう。

人材育成に関しての取り組みも日本と林業先進国とはずいぶん違う。各国のフォレスターや森林官と呼ばれる人の活動内容はあまりに多岐にわたり簡単にはまとめきれない。

先鋭的な林業経営をされている速水亨氏の言葉をお借りすることにする。国内について書かれているものだが、林業先進国で展開されている人材育成につながる。「林業の現場には、技術力と知識を持った強力な森林管理者が育つ必要がある。補助金や融資、財務の問題や税制の理解はもちろんのこと、森林法など様々な関連法令の知識、育種や育苗、育林の合理化や獣害対策、間伐技術、素材生産の機械化に必要な幅広い機械の知識やメンテナンス技術、林内道の計画・設計・開設技術、道路交通法を含めた運搬に関する知識、安全対策、環境管理の具体策、森林認証の知識、違法伐採対策として求められる手続きや評価についての理解も必要となる。そして、何といっても森林生態学の知識は、生き物を扱う林業の基本となる」（注1）。

スケールが大きすぎる。これだけの人材は簡単には育たない。それだけを専門職として森林組合が自前で創出するのも難しい。組合職員の誰かが行政の研修会に受け身で参加するだけで育つとも思えない。海外の例も学び、林業現場を研修の場にしながらこれまでとは別の専門職として県や国が人材を育てる方が実現に近いだろう。国内でも林業を学べる大学や専門の林業大学校はそれなりに存在しているが、林業の現場にいると、そうしたところで勉強をしてきた人との接点はない。どれだけの人がどんな活躍をしているのだろう。自分たちの現場だけにいては分からないことを教えてもらいたいと思う。

森林組合の作業員として間伐作業だけに関わっていると、補助金なしでの間伐はあり得ないと感じるし、国が林業を保護すべきなのだから補助金も当然である、と思っていた。

だが、その補助金の出し方に問題があったらしい。熊崎実（注2）氏の意見には納得するしかない。一九九〇年代、ドイツやオーストリアでは「林道と教育への支援を通して、間伐補助金のようなものがなくても、きちんと自前でやっていける林業経営の確立を目指したのだ。日本は肝心の林道と教育をそっ

（注1）『森林未来会議』熊崎実・速水亨・石崎涼子 編著（築地書館）より抜粋

（注2）農学博士。筑波大学名誉教授、日本木質バイオマスエネルギー協会および日本木質ペレット協会顧問。農水省（現農林水産省）林業試験場（現森林総合研究所）林業経営部長、筑波大学農林学系教授、岐阜県立森林文化アカデミー学長を歴任。筆者は東京で熱帯林と先住民族の問題に関わっている頃にお世話になった。

ちのけにして、間伐補助金のような形でばら撒いてしまった。これではかえって林業経営の体力を弱め、補助金漬けからの脱却を一層難しくしてしまう」(注1)。現場で働く者から見ても、林業を成り立たせるにはやはり林道と人材。うなずくしかない。

かつて補助金で林道の整備をしっかりと進めた高知県では、個人経営の自伐型林業が補助金をもらわずに経営を成り立たせている例もあるようだ。

安全教育の問題について。世界的に見て日本の林業の労働災害は多い。オーストリア林業の二倍(伐採量当たりの統計)。ちなみに国内においても林業での事故率は全産業の平均の一一倍。避けられない大きな課題である。

自分は一介の作業員にすぎず、こうした国際的な差を埋めるために具体的にどう動いていけばいいのか、正直分からない。雪が積もる前までに、間伐すべき範囲からいかに効率よく良い材を出すかに力を注ぎ込むことしかできない。

国は補助金の出し方を見直し、林業に関わる自治体や農林公社や森林整備センター、森林組合(管理職も現場作業員も)が、このままでは経営が決して楽にはならないことを意識し、林業先進国からも学び、協力し合って末端の販売先まで考えて努力していかなければならないだろう。下手をすると忙しさに追われこのままの状態が続いてしまう。とにかく今の木材価格が上がらない限り経営が楽になることはない。

少々堅苦しい話になった割には締まらない終わり方になってしまった。それでも世界との違いは気になっていて取り上げたかった。見えてきたのは国や森林組合や自分の足らない点ばかりであったとしても。

林業雑談

日本の林業の問題は山積みだ。ともあれ国産材利用が増えているのは歓迎すべき動き。自給率が上がっているのはうれしいし、そのことに直接関与できているのはここに来た甲斐がある。

驚いたのは、二〇一三年以降、木材輸出が急激に増えていること。自給率がまだまだ低い現段階で良いこととは言い切れないが、その流れが国内林業の供給体制を促すのであれば、悪いことばかりではないだろう。欲を言えば収益的に丸太でなく製品を輸出したいところだが。

残念な余談。地域の中や森林作業従事者においても、個人レベルで国産材を使おうという意識はあまり感じられない。少しでも安く、ということになってしまうのだろう。家を造るときの費用も、全体から見れば木材費用なんて一部だし外材との差はそれほどでもなくなってきている。それでも、意識して国産材で造るという人はあまりいない。まずは自治体の建物から徹底していってもらいたい。魚沼市でも公共の建物に地場産材を使う動きは出てきている。個人が住宅を造るのにも魚沼市産材を使うと補助金が出る制度がある（「魚沼市産材の家づくり事業」）。二〇一七年の申請件数は一六件（全着工件数の約一一％）、二〇一八年は二一件（全着工件数の約一六％）で、少しずつ増えている。同様に県でも「新潟県産材の家づくり支援事業」という県産材を使うことへの補助金制度があるが、こちらの申請数は二〇一七年の四九五件から二〇一八年は四五五件へと減ってしまっている。県の農林水産部林政課県産材振興室の担当者の話だと、小さな建て売り住宅を頼む人が増えている、とのこと。県民全体が地域の材を使うようになるためにはどうしたら良いのか。必要なのは地域の材を選び取るための情報と価値観。大切なことは東京にいても魚沼の山の中にいても同じだなぁと思う。

同じように難しい。

林業政策に心配な点がある。二〇一九年六月、改正国有林法（「国有林野の管理経営に関する法律等の一部を改正する法律」）が成立してしまった。大規模化・効率化を促し、外資を含む大手の参入が意図されている様子。森林経営の九〇％を担う地元の中小事業者への影響が懸念されている。そして何より気がかりなのは事業者が森林再生（造林）を怠ったとしても罰則の規定がないこと。これまでは伐採とは別に業者に発注されてきた再生。それが伐採と一体化され、植林をしなくても許されてしまったら……。これだけ災害の多い国でそれはあまりにも危険ではないのか。農業と同様、単純に大規模化すれば問題が解決するわけではない。参入したい大手企業のバックアップにすぎないのではないかと勘ぐってしまう。

ブナの原生林は美しい。市内にもそういう場所はあって、そうした森に足を踏み入れるのは大好きだ。空気が違う。これから新たな天然林には手をつけたくないし、その必要もないと思う。

一方、そこに住んでいる人が納得し、雇用と材を生み、森の機能を壊さない（この定義は難しいが）範囲での植林はやむを得なかったと思っている。ただし一度手をつけてしまったのならばきちんと手を入れ、極力、材として利用する義務はある。新たに森を壊さぬよう、伐採後には針葉樹でも広葉樹でも利用価値のあるものを植えて管理する。そんなサイクルの中で木材の自給率一〇〇％を目指す。林道整備は国や県の補助があって然るべきだ。レクリエーション機能についてはここに住んでもらって分かってもらおう。実利的だがそれが私の中での地元林業の理想型だ。さらに、そこで若者が充実感を持って余裕のある生活を営めていること。自然の恩恵を受けるその地域ならではの地道で有意義な一つのライフスタイル。林業はそんなあり方ができる「生業」だと私は信じている。

これは良かった事例⑦

長い時間を費やす仕事はその価値のある納得できるものがいい。やりがいのある農林業。

7月

蛍

ごく稀に蛍が部屋に入ってくることがある。それだけで良い一日になる。

夜、ライトを消し、車のハザードランプをチカチカさせると共鳴して光ってくるという話を聞く。集落内、と言ってもかなり端っこだが、蛍が多くいると言われている沢に近い山間《やまあい》で試してみるとその通りであった。たくさん飛んできて驚いた。いる場所もこんな方法も知らないままに過ごしてきた。まだこんなに蛍がいるのかとうれしくなる。

贅沢畑

夏野菜が食卓を飾る季節。トマト、ナス、オクラ、インゲン、キュウリ、キュウリ、キュウリ、キュウリ……。採れすぎる旬の野菜をどう食するか、連れ合いが毎年奮闘してくれている。庭にある一・五畝ほど（一畝は一〇m×一〇m）の畑は元は土捨て場。少し離れれば借りられる土の良い畑もあったけれど、やはり台所に近いところがいい。いい畑にするために土作りと石拾いを続けている。土作りと耕耘までは私の役目。毎年いろいろ混ぜている。牛堆肥をたっぷり入れる時もあれば、鶏糞を入れる時もある。「魚エキス」という魚が原料の粒状ペレットや「ボカシコンブ」という海草と米ヌカから作られた肥料。汚泥発酵肥料、米ヌカ、モミ殻、木灰、バーク堆肥、貝化石。庭で刈った草を積んで作った堆肥。酸性に傾きがちな畑を中和させるための石灰は毎年入れている。化成肥料も使うがベースは甘い野菜ができますようにと有機肥料。耕した後は連れ合いに任せている。

庭先にある畑はやはり上等だ。朝採りの完熟野菜。贅沢。ちょっと青じそを採ってきたり。贅沢。離れた場所に四畝あるアスパラガス畑だけは私が管理。旬の五～六月には毎食のように食べている。でも飽きない。甘い。定番のベーコン巻きは家族みんなが好きだし、グラタンの具にもなる。たいていはサッとゆでて皿に山盛りにしたのを各々で取り分けマヨネーズなりドレッシングなり好きなものをかけて、

家の近くの畑は大切な場所。採れたての贅沢。

たいらげる。何もかけないのが甘みは一番分かるかもしれない。作った野菜は店で買ったものとは味の濃さと甘みがあまりに違う。長女は都会の飲み屋で枝豆は頼めないらしい。そうだよね。味、ないもんね。とりわけ枝豆は鮮度の差が大きい。

良かった事例⑧
家庭菜園は暮らしを大地に近付ける。

田んぼよりはるかに広い草刈り面積

六〜八月は草刈り・草取り真っ盛りシーズン。畔や農道の草刈りは年に一〜四回。減反（米を作らない田んぼ）部分も畔の形が分かるように刈る。以前は減反田んぼを全面刈りしていた。またいつでも作れるように、と。さすがに今は全面刈りの義務はなくなった。

草刈りをサボるとカメムシが増える、景観が悪い、風通しが悪く病気になりやすい、長靴で畔を歩いても露でズボンがびしょ濡れになる。

刈っている面積を調べて合計してみたところ、なんと約五万㎡（五ヘクタール）。複数回刈るところはそれも加えた。畑、農道、水路まわりなども入っている。これ、東急ハンズ新宿店の約半分。相当な品物が売れる。上野動物園の約三分の一、かなりの動物が飼える。サッカーコートの七倍。斜面の多いでこぼこサッカーコート。これを刈り払い機でひと振りひと振り刈っていくのだから相当に地味。ちなみにこれを計算した時の田んぼ作付け面積は約三万五〇〇〇㎡（三・五ヘクタール）。田んぼの面積よりも草を刈る面積の方がはるかに広い。山間地の田んぼの宿命である。

除草剤と遺伝子組み換え

刈っても刈っても伸びてくる畔や法面《のりめん》、農道の草。刈りきれなくなってくると頼られがちなのが一般的な除草剤。水稲用除草剤と違って、これは田んぼに撒いてはいけない。稲まで枯れてしまう。日本の市場を席捲しているのはラウンドアップ。その主成分であるグリホサートはＷＨＯ（世界保健機関）の専門機関である国際がん研究機関により「発がん性の可能性がある」物質に指定された。アメリカの農業者がラウンドアップによってがんになったとしてモンサント社（かつて枯葉剤を製造した会社）を訴えた（モンサント社は二〇一八年にバイエル社に買収されている）。裁判では、カリフォルニア州サンフランシスコの陪審が被告に賠償金約三二〇億円を払うよう評決を下している。このことは日本ではほとんど報道されなかったが、世界各国でトップレベルで報道されていたらしい。その後、裁判所の判断で八七億円に減額されたものの陪審評決は維持された。世界では同様の訴訟が次々と起こされており、欧米において二〇一九年六月で一万一〇〇〇件が審議中になっている。

国際的にも個人販売の禁止など規制強化が進む中、日本では規制どころかグリホサートの残留基準値を大幅緩和している。ホームセンターも農協も売りまくっている。この集落の回覧板でも注文票が回ってくる始末である。

ラウンドアップを全面に撒き、生き残った耐性のあるバクテリアを遺伝子に組み込むというのが、遺伝子組み換え作物を作る最も多い手法である。ラウンドアップとセットで作られることが前提。日本は世界でもトップクラスの遺伝子組み換え食品消費国だ。だが表示はほんの一部。ＥＵがすべての食品のすべての原材料の表示を義務化しているのに対して、日本の表示対象は八作物三三食品のみ。表示義務の範囲は重量順で三番までで、かつ重量比が五％以上のもの。なんて分かりにくい規定なのだろう。そして「それ以下です」とすれば表示なしになってしまう。味噌には表示義務はあっても醤油や小麦粉にはない。農林水産省の船積時検査において、アメリカの小麦粉は九割以上、カナダの小麦粉はほぼすべてから残留グリホサートが検出されているにもかかわらず、だ。

いわゆる農業白書を読んでみても、この極めて毒性の高い農薬については一言も触れられていない。故意に煙に巻いているのではないかと思うほどきわめて分かりにくい文言なのだが、農薬に関する記述を引用する。カッコ内は筆者補足。

「食料の安全供給の確保に関する施策」として「食品中に残留する農薬等に関するポジティブリスト制度（農薬等が残留する食品の販売等を原則禁止する制度のこと）の周知に努めるとともに、制度導入時に残留基準を設定した農薬等についての食品健康影響評価結果を踏まえた残留基準の見直し、新たに登録等の申請があった農薬等についての残留基準の設定を推進します」（注1）とある。

いくら分かりにくくても、「なぜこの施策から毒性の強い除草剤の残留基準値緩和へつながるのか？」という疑問は間違っていないと思う。まるっきり逆の動きとしか思えない。

「農薬による蜜蜂の被害件数及び都道府県による被害軽減対策等を把握するとともに、国内外の知見を収集し、これらに基づき必要な措置を検討していきます」（注2）ともある。

では、蜂の減少の元凶とされ、子どもの脳神経系に与える影響まで懸念されているネオニコチノイド系殺虫剤の規制が行われないのはなぜなのか？「検討する」と言っておけば済むと思っているのではないのか。

遺伝子組み換えについては、生産面において「遺伝子組み換え作物の導入や開発途上国における生産技術の普及等による伸びの余地は期待されるものの」（注3）と記され、むしろ推奨しているとしか思えない。

さらに、遺伝子破壊操作をし大きな問題を抱える「ゲノム編集技術」による農作物。それも是とされているのみ（注4）で、このままでは何の規制もないまま食卓にあがってしまう。

白書に関して付言すると、農業の安全性だけの話ではない。東日本大震災からの復旧に関して、「農地は、国直轄の面的除染は完了、市町村等の除染も完了」「復旧対象地の八九パーセントで営農再開が可能に」「先端的農業技術の研究が進行」「帰還困難区域を除き、ほぼ全ての避難指示が解除」（注5）と述べられている。

あまりに能天気ではないのか。実際に戻る人は非常に少なく、その多くは高齢者。現在の避難住民数「五万人」も避難先や避難元の地区が限定されていて、実際に震災前の家に戻れていない人は約一〇万人。

（注1）『食料・農業・農村白書　平成三〇年版』農林水産省編
「平成三〇年度版　食料・農業・農村施策」Ⅱ食料の安定供給の確保に関する施策
1国際的な動向等に対応した食品の安全確保と消費者の信頼の確保　（1）d
（注2）同書「食料・農業・農村施策」Ⅱ食料の安定供給の確保に関する施策
1国際的な動向等に対応した食品の安全確保と消費者の信頼の確保　ア（ア）
（注3）同書　第1部　第1章　第3節（1）
（注4）同書　第1部　第2章　第4節　コラム
（注5）同書　第1部　第4章　第1節

『農業白書』というのは事実を基に農業における理念を垣間見られる一種の正しさを持ったものだと思い込んでいた。間違いだった。国に都合のいいようにまとめ上げてあるもの、という認識へ格下げだ。

日本の農薬への意識は歴然として低い。国レベルでも、残念ながら農家レベルでも。

私は水田以外では防草シートと畔波シート（水漏れしないように畔際に差し込む波型のプラスチック板）の際にだけ除草剤を使っている。どうしても草刈り機でシートを切ってしまうからだ。正直に言うと、かつてラウンドアップを使ったことがある。恥ずかしながらそこまでのものとは知らなかった。アンテナを張って、自分から求めない限り、本当のことを知るのは難しい。知ってからはさすがに使えなくなった。成分も確認するようになった。多少値段が高くても作物に影響を与えにくいものを使っている。それも使わないに越したことはないのだけれど……。

遺伝子組み替えと農薬の問題は特定非営利活動法人　日本消費者連盟の出版物などに詳しく、勉強さ

水漏れ防止の畔波シート。

郵 便 は が き

料金受取人払郵便

晴海局承認

8043

差出有効期間
2021年 9月
1日まで

104 8782

905

東京都中央区築地7-4-4-201

築地書館 読書カード係 行

お名前	年齢	性別	男・女
ご住所 〒			
電話番号			
ご職業（お勤め先）			

購入申込書 このはがきは、当社書籍の注文書としてもお使いいただけます。

ご注文される書名	冊数

ご指定書店名　ご自宅への直送（発送料300円）をご希望の方は記入しないでください。

tel

読者カード

ご愛読ありがとうございます。本カードを小社の企画の参考にさせていただきたく存じます。ご感想は、匿名にて公表させていただく場合がございます。また、小社より新刊案内などを送らせていただくことがあります。個人情報につきましては、適切に管理し第三者への提供はいたしません。ご協力ありがとうございました。

ご購入された書籍をご記入ください。

本書を何で最初にお知りになりましたか？
□書店　□新聞・雑誌（　　　　）□テレビ・ラジオ（　　　　　）
□インターネットの検索で（　　　　　）□人から（口コミ・ネット）
□（　　　　　）の書評を読んで　□その他（　　　　　　）

ご購入の動機（複数回答可）
□テーマに関心があった　□内容、構成が良さそうだった
□著者　□表紙が気に入った　□その他（　　　　　　　）

今、いちばん関心のあることを教えてください。

最近、購入された書籍を教えてください。

本書のご感想、読みたいテーマ、今後の出版物へのご希望など

□総合図書目録（無料）の送付を希望する方はチェックして下さい。
＊新刊情報などが届くメールマガジンの申し込みは小社ホームページ（http://www.tsukiji-shokan.co.jp）にて

せてもらっている。

水稲用の農薬について

農薬の話をもう少し。先述した農道や畔に使われるものではなく、水稲用の農薬について。この辺りで一般的に使用される農薬は次のようなものだ。

・苗箱に撒く殺菌剤（いもち病などの予防）と殺虫剤（ドロオイムシなどの予防）一〜二回／年
・水稲除草剤一〜三回／年
・青虫、ドロオイムシなどが発生した際に殺虫剤一回／年
・倒伏軽減剤一回／年
・いもち病予防の殺菌剤一回／年
・稲こうじ病、紋枯れ病予防の殺菌剤一回／年
・カメムシ予防の殺虫剤二回／年

田んぼや天気の状況により年六回前後の農家が多いと思う。撒くのは手間だしお金もかかるが、それなりの効果と意味はある。ドロオイムシや青虫は初期の頃に葉っぱを食べてしまうので成長をひどく遅

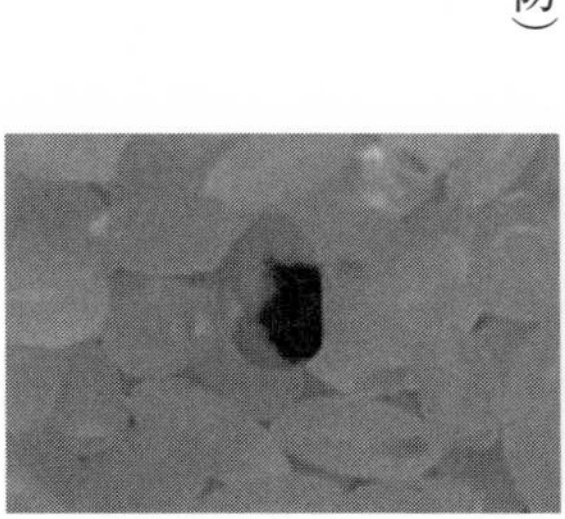
斑点米。幼穂の時にカメムシが吸い付いた跡が黒くなる。

稲こうじ病の菌。たくさん出ると取り切れない。

らせ分けつと収量に響く。いもち病は穂が出てもちゃんと実らなかったり色の悪いお米がたくさんできる。稲こうじ病の菌はひどい時には玄米にまで残り、米が黒くなることもあるらしい。カメムシの吸い付いた黒い跡は斑点米となり、米の等級を落とす。それぞれ蔓延してしまうとかなりのダメージになる。

私もひと通り被害を経験済み。例えば稲こうじ病。米よりずっと大きい黒い菌の玉が付く。一反（一〇〇〇㎡）の田んぼ一枚ですら二人で六時間取り続けても取り切れない。菌が出る時は一枚ではないのできつい。放っておくと次年度に増えることが多い。そういう田んぼは二〜四年薬を撒いて病気が出なくなったら薬をやめる。適切に撒くとちゃんと効果が得られる。また、少しくらい菌が出ても大丈夫なように粗選機を購入。モミすり（モミ殻を剝く）前に通し、米より大きい異物を除去する。

カメムシによる斑点米も多くなると見栄えが悪い。その斑点米を取り除くために隣の集落の知り合いが持つ色彩選別機にかけさせてもらったこともある。数十袋運んで機械を通す手間は、忙しい時期には結構な負担であるし、機械の持ち主にも悪い気がしてしまう。数年前カメムシが大発生した時は農協の色彩選別機使用の順番待ちは一〇〇人を超えていた。それなりの機械は買うと二〇〇万円以上するので小さな農家ではとても手が出ない。その斑点米、たまに入っていて食べるのに問題があるのかというと何もない。斑点米だけ集めて食べれば味は落ちるとは思うけれど。でも、業者に出す場合、検査時に斑点米が一定数含まれると値段が下がる。私は個人売りなのである程度までは説明して了解していただいている。人づてではないお客様が増え、この斑点米の苦情がごく稀に出てきたが、穂ができている時に薬はやはり使いたくない。

農家が安定した生計を立てて暮らしていくためのこうした農薬を私は否定できない。使わないリスクもある。水稲除草剤はその最たるもの。使わないでやっている人は立派だと思う。私も無農薬で六年間やっていたが雑草を取りきれなかった。が、それでもかなりの時間を草取りに注ぎ込んでいた。無農薬のお米は高く売られて当然だ。私は基本的に水稲除草剤を年一回。その他は稲こうじ病予防や害虫の異常発生など、やむを得ない時に、穂が出る前に撒けるものだけ使っている。

8月

天気に一喜一憂していよう

幼穂が形成される時、水が必要な八月上旬。その時に雨が降らないことも多々あり、川からのポンプアップに奔走することもある。川から一五〇mもホースを引っ張って、やっと田んぼに水を入れていたら、隣で三〇〇mも引っ張り上げていて驚くこともあった。ここで田んぼの水やりを諦めてしまうと収穫時の質と量に大きく関わる。山の田んぼは水がいっぱいありそうだが実はそうでもない。近年、大雨や干ばつなど天候不順が多くなってきていて、農家は振り回されている。

温暖化の問題そのものは放っておけない。が、人間は本来、天気に一喜一憂しているくらいの自然との距離で生きているのが間違いがないのではないか。大規模に自然の形を変えたり、余計なものを作りすぎるから取り返しのつかないことになる。先進地域から学んで、多少天候に左右されることがあっても、真剣に再生可能エネルギー（自然エネルギー）一〇〇%の社会を目指すべきなのだと思う。

ずっと気になっていた太陽光パネルを設置することにした。屋根から雪が落ちない心配があったがヒーター付きのものが開発された。表面はガラスなので二時間（電気代は一時間六四円）も温めれば雪は落ちる、らしい。初期費用はなし、設備代は一五年ローンで月々の負担は発電する電気とほぼ同額になる、らしい。もちろん、冬場は発電しきれないが他の時期の売電でカバーできる、らしい。保証は長期ではある。らしい、らしいと、どうしても疑わしさは拭いきれないが、願おう、うまくいきますように。

八月に多い「稲妻」

「雷が多い年は豊作になる」ことからできた言葉。え？　そうなんですか⁉　と突っ込みたくなるし実感としても分からない。豊作の年、雷多かったか？　そこが我が凡人たるところで、雷によって作物が成長を促されるのは本当のことらしい。放電された水は窒素の量が一・五倍になるとのこと。それは育つ！　古くからのいわれを科学的に証明したのはなんと日本の高校生だそう。雇いたい。

「雷＝稲も怖がる妻」ではないらしい。

一〇〇日ぶりの休み

お盆には二日は休みを取るようにしている。ゴールデンウィーク前後の雪解けからお盆まで一〇〇日間休みなしの兼業農家。最近できたシルバーウィークもまさに作業日。会社勤めでこれだけ働き詰めだと投げ出してしまいそうだが、自分でやっていることだとこれはこれでありだなと素直に受け止められる。それは都会からここに来て、やろうと思った暮らしができているからなのだと思う。誰かにやらされているわけではなく、本当に休みたければ休めばいい。自分で選んだ暮らしで、お客さんに支えてもらえることのありがたさ。幸せなことだと思う。

とは言え、それでも充電期間は欲しくなる。雪があって田んぼでの作業もできず、除雪や排雪や山仕事もない四月の春休みはやはり楽しみな時。インドアを楽しむ。

動物たち

八月と言えばもぎたて蒸したてトウモロコシ。最高級のおやつ。ここ三年はハクビシンにやられている。憎き害獣。飼い犬がいなくなったら狙われるようになってしまった。最近、サルも時折、集落に現れるようになった。タヌキも悪さをする。カモシカ、ウサギ、イタチ、キツネ、テン、クマなども見かけるが今のところうちでは被害なし。マムシは……、見つけたら捕って焼いて食べる。疲労回復に良い。食べて急にムラムラしたりはなくて、次の日の昼頃、身体が楽になる。炭焼きの親方から教わったマムシの食べ方。頭をもぎ、皮をはいで内臓を取り除く。骨と肉だけになったものをぶつ切りにして焼くだけ。特別おいしいものではないけれど食べにくくもない。村の人は皆食べるものと思っていたら違った。食べる人に私はまだ出会っていない。おかげで（？）山仕事で同僚が見つけると、皆、私にくれる。集落の年配の人まで私にくれる。

どんぐり・くるみ（ニホンリス）。
堅いものに穴を開ける時は下の歯を使うことを長女が発見。

動物と言えば、これまで飼った（一時保護を含む）のは、犬、猫、ニワトリ、ウサギ、ヤマセミ、ロシアリクガメ、ゼニガメ、シマリス、ニホンリス、ムササビ、モモンガ、ハムスター。

初めの頃、炭焼きの親方から道で保護したという見たことのない鳥を預かった。白黒で、頭がやけに大きいから雛かと思い、すり餌とかをあげようとするも口を開かない。野生動物を保護している県営の野鳥センターに連れていくしかなかったのだが、すぐに行けず、あっという間に死んでし

マムシを焼いたもの。こうなればただのおつまみ。

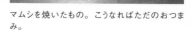

千年と万年（ロシアリクガメ）。

まった。今ならインターネットで何とか調べられたし、聞ける人もいるが、当時はあまりに無知無力。あとで分かった。ヤマセミの成鳥であった。珍しい鳥。今から思えば、成鳥で素手の人間に捕まってしまうようであれば、寿命だったのだと思う。でも、やっぱりあの助けられなかった無力感は忘れられない。

伐採により巣のあった木が倒され、まだ目も開かないニホンリスの赤ちゃんが我が家に来た時に、行きつけの獣医さんに相談した。答えはひとつだった。

獣医『野生動物は飼っちゃいけないんですよ』

私『でも、放っておいたら一〇〇％死んじゃいますよね？』

獣医『そうですね』

私『とりあえずどうすればいいでしょうか？』

獣医『野生生物は飼ってはいけないことになっているんです』

話にならないので、新潟県で代表的な野生生物保護施設、県民生活・環境部の愛鳥センター紫雲寺さえずりの里に電話した。保温しながら三時間おきに小動物用のミルクをあげたあと、排泄を促しながらリスを育て始めていたわけだが、その方法には問題がなかった。その施設に持って行った方がいいかと聞くと、そのままの感じで保護してもらってかまわないと言われた。誤飲などで死んでしまうケースも

偉大なる可愛さゴッホ（モモンガ）。

あり、誰がやっても難しいという話だった。それが二〇〇六年のこと。そんなことがあったのでムササビもモモンガも自分で保護していた。以前の問い合わせからかなり時間も経っているので改めてモモンガを保護した件について尋ねてみた。前回を思い出す親切な対応だった。

「そのようなやむを得ない状況で保護されて山に返すというのであれば問題なかったと思われますが、地域の保健所の方にも確認されるとよいと思います」とのことで、県の魚沼地域振興局健康福祉部衛生環境課の方にも聞いてみる。「今後そのようなことがあれば連絡いただいて、最も良い方法を検討していきたいと思います」とのこと。

どこであれ、保護された動物が育つ可能性が最も高いところで面倒を見てもらえるのであればそれに越したことはない。

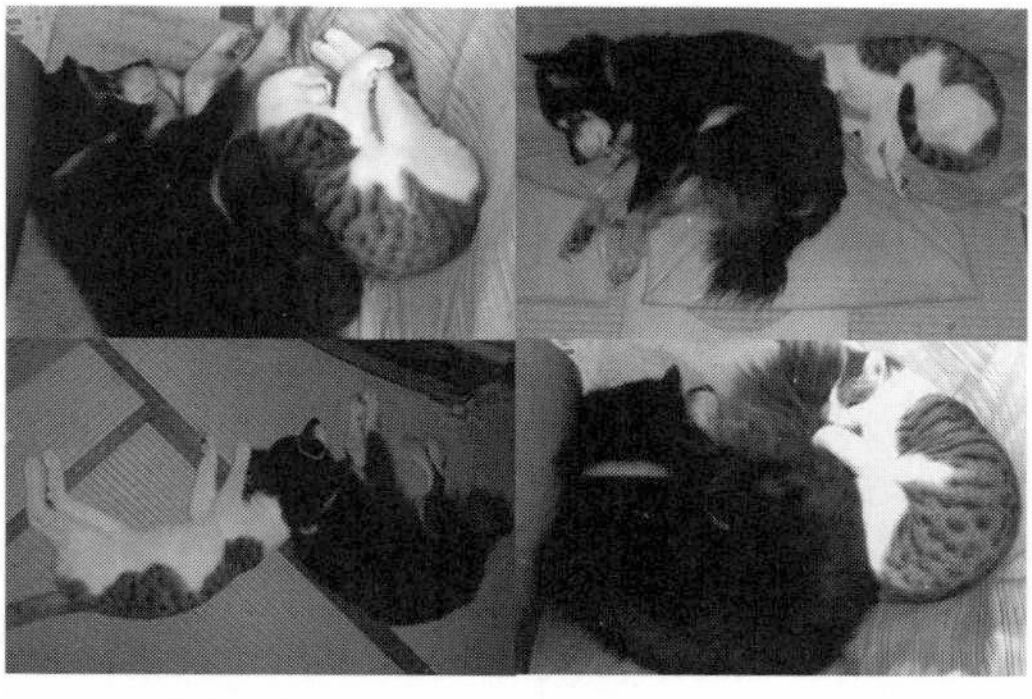

なぜか同じ姿勢で寝ていることが多かったひじき（犬）ぷあ（猫）。

小動物の乳飲み子だが、ミルクをよく飲んで体も大きい子がうまく育ちそうな気がするが、そうとも限らない。飲む勢いが強すぎて誤飲してむせて死んでしまったり、寒さに弱かったり。野生動物はあっけなく死んでしまうことが多い。犬や猫がいかに飼いやすいペットであるか分かる。生き残る力が強いのは特別大きくなくても食欲が旺盛でなくてもマイペースな子。あまりなつっこいのも危険察知能力が低いかもしれないと心配になる。離乳しても最後は思わぬことで死んでしまったり逃げられてしまったりする。山へ返しても無事に生きていけるか分からないのが切ないところ。この間、山へ返したモモンガが伴侶を見つけてくれることを願っている。

ニホンリスは木の上の方に巣を作るけれども、シマリス（ペットショップで購入）は地面の下に巣を作る。石だらけでスコップの刃が立たないような硬いところでも穴を開けていく。ブロック基礎のコンクリートベースの下まで穴を掘って逃げたのには驚いた。その後近くで全く見かけないのでうちの猫たちにやられてしまったかもしれない。

モモンガのために部屋に杉の木を持ち込んだ。杉の葉っぱを食べている。そんなものを食べるとは。夜行性だしそもそも普段見ることがない。野生生物の生態は知らないことばかりだ。

順に四匹飼ってきた犬は今はいないが、猫はずっといる。初めてここで飼った猫は「茶助（ちゃずけ）」。昼間一人でつまらない思いをしていた連れ合いを救ってくれたような恩猫だ。言葉が分かるんじゃない

ヨーデフ（ムササビ）とひじき（犬）。

玄関の机にコウモリ。すぐ上に猫。

かと思うこともしばしば。思い入れもあり、私たちが作る米と味噌の直販工房の屋号にした。これまで飼った猫は九匹。たいてい連れ合いと子どもが峠の下の牛小屋からもらってくる。性格はみんな違うが、黒猫は特性があると思う。二匹飼ったが、特別なつっこく穏やかな性格。特に飼いやすい性格のように感じる。ただし今いる黒猫はそんな性格をしているのと同時に超絶ハンターでもある。スズメ、ウグイス、ネズミ、モグラ、トカゲ、カエル、蛾、ウサギと、とにかくよく捕ってくる。捕って居間に持ってくる。猫用の扉があり、中と外との行き来が自由な幸せな猫たち。黒猫が捕ってきた獲物はもう一匹の猫がたいてい食べるが、残り物も多い。朝一番に起きてきた人は要注意だ。何が落ちているか分からない。

ちょっとここには書きにくいものも落ちている。

ある日、玄関に置いてある机の天板に何か付いていた。何だこの異様な物体は？　……コウモリか！　ぶら下がって寝ている。机の上にいる猫も全く気付かない。匂いがないのか。さすがに飼うことも食べることも考えなかった。夜バタバタされても困るし気の毒なので、つかんで外へ放した。キーキー

次女と、くつした・まえかけ・はっぱ（ウサギ）たち。

鳴かれた。なんて個性的な顔。忘れられないあの唯一無二の感触。ひんやりしっとり柔らかい。そして動く（当たり前）。「ウッ」異様な感触に思わず声が出た。

庭に大きな穴を掘ってある。イワナかマスを育てていつでも食べられるようにしたいと思ってはや一七年。どうにも池を作る余裕が生まれない。

次女は動物関係の専門学校に進んだ。初めは盲導犬の訓練士に興味があったようだが、その職種はなかなか空きがないので、トリマーになる勉強をしている。二〇二〇年春の就職が決まった。

これは良かった事例⑨

動物がいると生活充実度三〇%アップ。動物もストレスなしでいてほしい。

ずんだ餅考

トウモロコシと並んで八月のもう一つの最高においしい食べ物は、ずんだ餅。子どもが二人巣立っていって最近は食べていないが、枝豆を作るようになってから毎年一度は食卓に上がっていた。堆肥やモミ殻、貝石灰を入れ、石拾いして畑を耕す。畝《うね》を作り種豆を植え、水をあげ、土寄せ・追肥・草取りをして収穫。豆をもぎ、ゆでて、薄皮を一つずつ（！）剝く。それをつぶして餡を作る。餅をつき、ずんだ餅にする。買えばすぐ食べられても、全工程を手作りするなら気が遠くなるようなおやつ。食べてしまうのは一瞬。でも皆で食べる時の満たされた格別な気分。「おいしい」「おいしい」とはしゃぎ合う瞬間は忘れられない。

「生活を作る」ということが外での仕事だけでないことがよく分かる。時間と効率から考えれば手を出しづらいようなものの中に喜びが隠れていることがある。面倒くさがりで必要に迫られたことばかりに動きまわっている私としては、とりわけありがたいと感じていた一品。家族がいたから知り得た一品。

車もエンジン付きの農機具もない時代、市場原理から遠いほど、人は肉体的に難儀をしていたと思う。楽をしたい、便利な方がいいと思うのは当然。一方で年配の人から時折聞く言葉。「今は便利になったけど昔と比べてどっちが幸せかというと分かんねえな」。私には「昔は良かった」的な発想はないし、昨日より今日がいい。そしてひと昔前の農業も経験したりしながら、貨幣経済の中で時間とお金と楽さを天秤にかけている。市場原理の発展の根拠を身をもって確証しているかのよう。でもやっぱり今の市場原理は行きすぎたものだと思う。

安くて便利でお金で済むから上等とは限らない。違う原理もあるから救われるし楽しい。それが私の中の「ずんだ餅の原理」。ずんだ餅から大げさな話になっているのを読んで連れ合いは言うだろう。

「食べたかっただけなんだけどね」

9月

スズメとイナゴへの餌やり

稲刈りを始める前に米はすでに食べられている。その一、スズメ。電線におびただしい数のスズメが待機している。大きくもない一枚の田んぼで半俵（三〇kg）は与えていると思う。つまみ食いなんてレベルじゃない。そこに電線があってとりわけ目立つだけで他の田んぼでも給餌している。テープやネットを張ってもあまり効果はないらしいので、する気にならず穂は食べられるがままだ。

その二、イナゴ。七月の終わりから出始めて葉っぱを食べる。そのうち穂も食べる。畔を一歩進むたびに畔際のイナゴが四〇匹くらいバババババーッと飛び立つ。数が多すぎて、どうする気も起きない。年々増えている気がする。穂がたわわに実っているこの時期にきて農薬も使いたくないので、これまたされるがままだ。もはや飼ってるレベル。九月の初めまであれだけいたイナゴも稲刈りの時には一匹もいなくなっているのが不思議だ。

稲刈り時にたくさんいるのはトンボ。これはいくらいても風情があるだけだから良い。特に赤トンボは可愛さがある。稲を刈っていくと赤トンボが残った稲に集まってきて笑みがこぼれる。

収穫の段取りにマニュアルはありません

八月の下旬に田んぼの水を完全に落とす。稲の登熟を待ちながら稲刈りの準備をする九月。コンバインの点検、オイル交換。コンバインキャリアをトラクターに付ける。乾燥機やモミすり機などの掃除（秋の作業後もするが約一年かけて、虫やネズミや風がまた汚す）。タンクの灯油量の確認。モミ殻排出先の屋根掛け。軽トラックでモミを運ぶためのコンテナ設置。お米ができた時の置き場所の確保、等々。マニュアルはないので、稲を刈って、運んで、乾燥機に入れて……と、作業工程をイメージして必要と思われることを進めていく。もし、抜けたところがあれば気付いた時にやればいい。初めから多くの田んぼを一人でやることはまずないので徐々に覚えていけば問題なし。

コンバインを運ぶキャリアを組む。

　マニュアルという視点から言うと、田んぼの様子に関しては自分でなければ分からないことが多い。この田んぼのここがぬかるんでいる、あそこに大きな岩がある、ここは頻繁にチェックしないと水路が詰まる、ここは夏になったら水が来

モミ殻の排出先に屋根を掛ける。

モミを運ぶコンテナを組む。

ない、など一枚一枚田んぼは違う。それゆえに個人の管理で地域の農業は守られているし、一人ひとりの存在価値も大きくなる。一方で次の代の人へ分かりやすく伝える工夫も必要だと思うようになってきた。一度にたくさんの田んぼの耕作を引き受けると番地さえ分からなくなる。何年も経ってから田んぼの中の排水口を見つけることもある。口が完全に見えない位置で、そこから水漏れしている。水が溜まるはずがない。

下手をすると役場の図面と田んぼの形や枚数すら違うなんてこともある。よくある。自分は分かりやすく伝えよう。もし後世に渡せる機会があれば……。面倒くさくなって「やれば分かる」なんて言ってたりして。

単純作業の罠

九月の下旬、山仕事は休みをもらって稲刈りが始まる。天気予報とにらめっこの日々。よく乾いた田んぼでのコンバインによる稲刈りは難しい仕事ではない。なので、作業は目と手に任せて、頭ではたいてい違うことを考えている。二、三日中の段取りと来年度の肥料設計や秋に直しが必要な田んぼの箇所。そういうことを考えている時はいい。が、昔のことを思い出すという罠が単純作業にはある。思い出すことの多くは昔の愚行や誰かを傷つけた自分の言葉のようなものばかり。楽しかったことだって出てきて良さそうなものなのに。自分の欠点を突き付けられて気が滅入ってしまうこともある。この罠、炭焼きの頃にもいつもはまっていた。草刈りの時もよく落ちる。いつまで昔の自分を恥じるのか。なんて困ったネガティブな性格なのだろう。受け入れるしかないなあ。

稲刈りで大事なこと

コンバインを降りれば昔を思い出している暇はなくなる。モミ移動、乾燥、モミすり、玄米移動。モミ殻撒き。米の置き場所があまりないので、早めに検査に出し、出荷作業も並行して行う。おかげさまで多い時には二日で一〇〇件ものお客さんへの出荷。うれしい悲鳴で夫婦で必死に発送にいそしむ。郵便屋さんが毎日集荷に来てくれる。おいしい共感ができますようにと願いながら発送している。

そういう最中なので仕事の段取りは大切である。稲刈りしたいのに乾燥が終わらずに乾燥機が空かな

2条刈りコンバイン。3町歩（3ヘクタール）を超えると3条刈りが欲しくなる。

いなんてことも起き得る。モミ殻を処理しないとモミすりができないことにもなる。

でも稲刈り作業での最大のポイントは「段取り」でも「技術」でもなく、「天気」と「機械」。二〇一七年はコンバインの故障が七回。翌年は四回。どんなにいい段取りを組んでもあっけなく崩壊する。最後は田んぼの真ん中でコンバインのキャタピラが切れた。修理代が毎年ン十万円の上、仕事がはかどらないこと極まりない。その後無理して働き体調を崩す。田んぼの面積が広がると機械の消耗も激しい。腹をくくり、二〇一九年、市の二割補助と返済ローンを組んで初の三条刈りの新品を購入。三年間の米の収益の大半はコンバインの代金に持っていかれる。この機械が壊れるまで頑張ろう。頑張る動機が貧乏くさいけど頑張ろう。

機械の経費の話となったので追記したい。

米作りは使う農機具の種類が特別に多い。機械を安く手に入れられたり借りられたりした上で、直接食べてくれるお客様と結びついた産直を展開できないと経営が厳しいのは確かである。米にこだわ

すぐに溜まってしまうモミ殻を田んぼに撒く。米の味が良くなる気がする。今はこの量を20回くらい繰り返し撒いている。これも機械化したいところ。

らずに農業がしたいのであれば他の作物を考えるのもありだと思う。私自身は野菜作りに詳しくないのだが、例えば魚沼市だと深雪《みゆき》なすという銘柄に需要があり収益率が高いようだし、ここ福山新田では糖度の高いアスパラガスが作れる。自分が好きなものを作るのがコツかもしれない。

キャタピラが切れる。後が大変。トラクターでも引っ張り出せず、小型クレーンのウインチで田んぼから引き上げた。

10月

秋の色

家のすぐそこで採れる山栗。山栗は小さい。けれどコクがある。新米の山栗ご飯は格別だ。栗剝きの労力も格別だ。玄関の道路向かいにたくさん実る個性的な色合いのアケビ。強い甘さは砂糖が作れるんじゃないかと思うほど。種が邪魔すぎるけど。肉厚の皮も肉を詰めて焼けば立派な料理になる。

秋の山の色は毎日変わる。黄緑、黄、紅、橙のモザイク。「あ、今日、色づいた」と分かる。きれいだなぁと思っているとたちまち紅葉の盛りは過ぎていく。そして空気が冷たくなってくる。

雪国ならではの冷蔵庫・雪むろ保存

新米出荷と並行しながら、稲刈りを一〇月中旬ぐらいには終える。近年は収量二五〇俵前後。三〇kg

雪むろ内は常時1～2℃で保管され、劣化がほとんど進まない。夏を過ぎてもおいしさそのまま。

毎年春に一度、雪むろに雪を入れる。

の玄米が五〇〇袋前後になる。検査にも出すので一つにつき二～三回は動かす。もはや筋トレ。腰にも注意。米の保管先は母屋の玄関と隣の小屋、そして集落内にある雪むろ施設。そこに一二〇袋入れさせてもらっている。雪むろは年に一度、除雪車で雪を吹き入れる。

その雪の下にプレハブのような倉庫があり、内部は常時一～二℃に保たれている。玄米が眠っている状態になり、品質が保持される。うちの玄関や車庫に保管したものは四月頃なくなり、五～九月までの出荷は雪むろから少しずつ取ってきて精米する。常温で梅雨や夏を過ぎたものと食べ比べると違いは歴然。思わぬ雪の恩恵。これがあるからこそ、年間を通じて安心してお米が届けられる。

「フフフ、お前さん、年貢の納め時だぜ」と時代劇さながら自分につぶやいて本当に年貢を納めに行く。私が所有している田んぼは一枚もなく、すべて借地である。二〇一九年は合わせて三〇kg×四六袋を九か所へ届けた。かなりの量だが、それでも面積当たりの年貢は以前よりは少なくなっている。交渉して減らしてもらった。基準は一反で半俵（三〇kg）。二〇年前の相場の半分であるから、田んぼの持ち主も米価下落のあおりを食らっている。

ご飯三杯＝ペットボトル飲料一本

農協などの指定された販売業者に出荷する場合、かつては農家の受け取り価格で一俵（玄米六〇kg）三万円していた魚沼産コシヒカリ。今は一万八〇〇〇円前後。他のお米から見れば高値でも実は儲けはあまりない。白米一〇kg当たりにすると売り上げは三〇〇〇円弱。その米を作る経費はこの辺りではおそらく二〇〇〇円前後（これは田んぼが小さく効率が悪く、気温や水温が低いので、収量も多くないという前提で計算。標高の低い平場の八割くらいの収量）。

とすると、米一〇kg分の農家の純利益はたった一〇〇〇円。消費者が小売店からいくら高い値で買っても農家へ入るお金はそれだけ。ちなみにうちは肥料にかけているお金が多いし、ホームページなどの経費もあるので、米一〇kg分の経費は二五〇〇円前後。つまり業者に任せていたら利益はわずか五〇〇円あるかないかである。まともな販売店での小売り価格は一〇kg六〇〇〇〜一万円だから中間業者だけはしっかりと儲けている。燃料代や肥料代などの経費は上がる一方で、しわ寄せを食っているのは農家だ。

以前、神奈川の出身地の辺りでお米の営業をしたことがある。薬局や量販店などで見たお米の値段に愕然とする。一〇kg二一八〇円？　目を疑う。五kgでもなくて？　それはうちなら経費にもならない。どんな銘柄であろうと基本の経費はかかるはず。一体どんな米なのか。古米？　くず米？　古古古米？仮に一〇kg七〇〇〇円のお米で家族三〜四人が一か月過ごせた場合、一日当たりたったの二三〇円。ご飯茶碗一杯四五円(注)。ペットボトル飲料一本とご飯三杯の値段がほぼ同じ。驚異的な安さ、のはずなのに……。依然、米のたたき売りは行われる。ちゃんとした米を流通させてほしい。それは私が米を作る前から思っていたこと。これ以上、農家を追い詰めながら米の値段を下げる必要はないはずだ。今の市場経済は明らかに農業を破壊している。

グローバル化の対極で

もし中間業者を通したらいくらも儲けの出ないうちの米、なぜ我が家の生計が成り立つのか？　それは友人知人の皆さんのおかげ。四年前からはすべて産直で買っていただいている（郵便局が間に入るカタログ販売を含む。それもこちらが価格を設定できている）。お客さんとのつながりが少しずつ広がり、現在七〇件ほどのお宅の主食を担わせてもらっている。新米だけや贈呈にだけご利用してくださるお客さんもたくさんいる。その関係はまさに宝。そして感想などを届けてもらえるのも励み。味や収量に直接関係のない草刈りや泥上げも一輪車での砕石運びも「おいしい」と言ってもらえるお米作りの一環と思えばやりこなせる。それも産直の威力。これほどお客さんに恵まれた農家はそうはいないだろうと思ってやっている。

家も土地も農機具もないところからスタートのIターン農家。唯一の利点は農産物の独自の販路かもしれない。

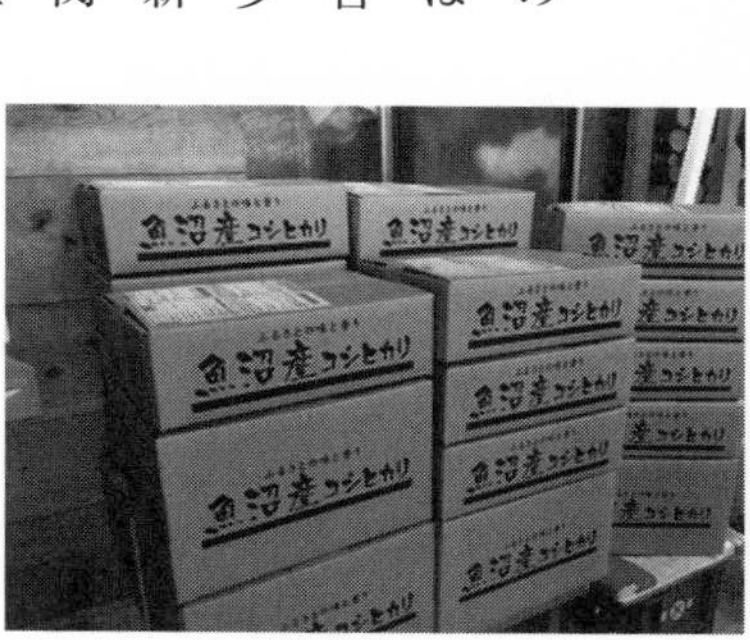

1日にこれくらいの出荷も時折ある。

（注）ご飯茶碗一杯＝炊く前の白米を六五gとすると一〇kgは一五四杯。七〇〇〇円÷一五四杯＝約四五円

この目に見える関係（人づてで広がるので直接お会いしたことのない方が多いけれど）というのはとても大切なものだと思う。もちろん知らない人へだっていい加減なことはしないけれど、やはり自分を知っていてお米を買ってくれているのだと思うと自負も生まれる。古米やよその米は混ぜない、農薬は極力使わないのは当たり前。より良いお米を、こちらの生活の成り立つ範囲でできるだけ安く届けたい。そのことは伝わっている気がする。お客様としてもそれなりの安心感を持って食べてもらえていると思うし、スーパーで買うのとは違うつながりを感じてくれていると思う。月一回更新の近況報告は発送する米に必ず添えるようにしている。それを楽しみにしてくれているお客さんもいてうれしい。

グローバル化が叫ばれて久しい。経済は流通が広がることで作り手の姿が見えなくなることが増えるばかり。安い製品が世界中から集められる部品で出来上がる。どこでどんな過酷労働で作られているかも分からない。安すぎる裏には何らかの犠牲があるのではないか。でもすべてを調べ上げて、間違いのない値の張るものだけを買って生きていくのも難しい。どこで何が行われているか見えにくい今、大切なのは相対《あいたい》の見える関係。極論を言えば理想は物々交換。時代錯誤も甚だしいが、少なくとも関係や実質距離が近い中で物や金が動いている限り、過剰な市場原理に振り回されることはない。

これは良かった事例 ⑩

今ある関係は農業をするときの大きな財産。お互いうれしいことになる。

食品ロス

グローバル化の弊害と感じるものは顔の見える関係では起こりにくいと思う。その一つが食品ロス。日本ではまだ食べられるものが毎日大型トラック一七七〇台分も廃棄されている。その一方で食料輸入は年間三二四一万トン。食料自給率は三八%。たくさん輸入してたくさん捨てていながら自給率を上げようと言っている。改善策は輸入を減らす以外ない。輸入するなら、現地で不当労働がないか、毒性の強すぎる農薬を使っていないか、遺伝子組み換えは本当に行われていないかもきちんとチェックする必要がある。そこから自給率が上がる可能性が広がるし、より安全な国産のものを食べるように変わっていくはず。そして余るほど輸入しなければ廃棄物も減る。分かっていながらも結局、国は国内農業に重きを置いていないだけなのだろう。

二〇〇〇年に制定された「食品リサイクル法」。二〇年経ってもこれだけの廃棄物が出ている以上、功を奏していないのは明らか。フードバンク活動への多少の支援はあるものの、その主体はあくまでも民間。廃棄の問題を取り上げながらも国としての主体的な取り組みは見えてこない。

兼業農家の収入例

田舎への移住を考えている人への参考として私の収入の変遷を挙げてみる。社会保険料・国民年金保険料・所得税・介護保険料を払った後の手取りの概算。米は純利益。米と除雪および排雪は年により変動幅が大きいのでおよそのところで。また、どの仕事も経験ゼロからのスタート。

一年目（二八歳）　一六〇万円くらい（森林組合のみ〈年間雇用〉今は一年目でももっと多い）
一二年目（三九歳）　三二〇万円くらい（森林組合一三〇万円　除雪一三〇万円　米六〇万円）
二〇年目（四七歳）　四一〇万円くらい（森林組合一三〇万円　除雪一三〇万円　米一五〇万円）
二四年目（五一歳）　四七〇万円くらい（森林組合一三〇万円　除雪一三〇万円　米二一〇万円）

年収としては当然低い。ただし米はあるし野菜も作っているので贅沢をしなければまっとうな食生活を送れる。以前借りていた家の家賃は月五〇〇〇円（！）。自分のやりようで節約が可能。薪ストーブにすればひと冬の灯油代が四万～五万円浮く。作ってみると安いものもたくさんある。サッシの網戸、買えば五〇〇〇円、木枠を作って網も自分で張れば三五〇円、とか。スケール小さいけど。

さらに自然からのいただきものでお金を稼ごうとすれば、山菜採り、生け花の花台用の木集めなどもある。スローライフからはかけ離れていくけれど。

子どもの教育費捻出は苦しいのは事実だが、高校卒業からは市から無利子の奨学金を借りて子どもたちを進学させている。

収入額からの予想よりは充実した生活が送れると思う。本人の心持ち次第で。

新潟県中越地震

二〇〇四年一〇月二三日夕方。車庫の前にいた時に地面が動いた。立っていられない。家族は車で出かけている。犬はまさに右往左往、猫はしばらく姿を見せなくなる。玄関に入り電気のブレーカーを落としつつ目に入るのは、玄関に積んだひと冬分の薪のなだれ。「う～、積み直しか～。窓ガラスが割れてなくてラッキー」なんて今から思えば呑気なことを思っていた。居間は棚から落ちたものが散乱。台所は食器が割れて散らばっている。ガスの元栓を締めて二階へ。階段踊り場の水槽から水がこぼれ出てビショビショに。真下の一階も案の定、水浸し。でも他は大丈夫そうなので水の処理だけして外へ。田んぼを借りているばあちゃんのところへ向かう。道路があちこちでぼこぼこになっている。道が抜け落ちてしまっているところもある。この集落では幸いケガ人はなかった。でも半壊した家が一〇戸。旧小学校を利用した仮設住宅に入った家族も一四。翌春、集落外へ移り住む人も出た。

車で出かけていた家族も戻り、キャンピングセットを用意して車中泊。いつも通りに絵本を読んで子どもたちを寝かしつける。電気、水道、ガス、電話は使えない。携帯電話は持っていない。幸いにもたまたま上水道整備中であった。山から引いたきれいな水が子どもたちも歩ける距離の道路脇にパイプを通じて流れ出ていた。歌いながら食器を洗いに行く。まさに山の恵み。他にも集落内に山の水が来ている所がいくつかあり、みんな米もある。山間地は災害をたくましく乗り切っていたように思う。強い余震が続いたものの、数日で我が家は日常に戻れた。風呂場のタイルと少しの食器が割れただけの最小限の被害。地盤が良かった。阪神・淡路大震災後、厳しくなった建築基準に基づいて家を造ったのも良かった。家具の転倒防止金具も効いた。

多くの方々から心配していただいたことに心より感謝。見舞い品もいろいろ頂戴した。生まれて初めて食べたフグの刺身は驚きのおいしさ。一切れ一切れしんみりと感謝の念を噛みしめながら味わいたい。……が、「何これ～！　おいしー！」と子どもたちがすさまじい勢いで頬張り一瞬で皿だけになってしまった。

地震の被害の大きさを実感するのは、森林組合の仕事で長岡、川口、小千谷《おぢや》、山古志などへ行く時だった。道路はズタズタで遠回り。ひどい渋滞。全国各地から復興のための仕事の車が来ている。土砂崩れで鉄道の線路が宙ぶらりん。あったはずの家も地面ごとなくなっていたりする。電柱は傾き、新築の家にも倒壊を警告する「危険」の赤紙が貼られている。ここかしこでのテント生活。川口町の田麦山という集落では住める家は一割しかなかったらしい。自分の家に住めることのありがたさが身に染みる。

森林組合の仕事は土砂崩れ現場での伐採と片付け。修復のための重機が入れるようにするのだ。大木が倒れて太い枝が家に突き刺さったのを片付けるというのもあった。二次災害には細心の注意をはらう。民家の近くに電線などもあり、木を倒す方向は限られる。ワイヤー三本を付けて無理やり逆方向へ倒すなど、失敗できない緊張感の中での仕事。しばらくは休日返上での復旧のための仕事が続いた。

かなり復旧はしたものの、地震から一〇年後、山古志の人口は半減した。過疎化が急激に進んだような感じだという。長い間かけて自分たちの手で自然と向き合い田畑を作り、水路を整え、労力を惜しまずその地の暮らしを築き上げてきた人たち。そういう人たちにとって、その地を離れるというのはどれだけ生きる意欲が失われることだろう。Iターンで移り住んだ自分でさえここを離れることは考えられないのに。

それでも新潟県中越地震では放射能汚染はなかった。地震前と後での自殺率の変化も特にない。柏崎刈羽原子力発電所で大事故があったら、ここでの農業はきっとおしまいだ。

11月

初冬の香り

一一月の食卓に必ず上がるのは大根の酢漬け。ここに来てから地域の人に教わった。お酢と砂糖と塩で漬ける。新米との相性は抜群。

この時期の大根と長ネギの上品な甘み。焼いただけのネギがこんなにおいしいなんて。この漬け物と焼きネギと新米と味噌汁。まさに素材の良さでいただく贅沢だ。

米の収穫後の片付けが終わると山仕事を再開する。兼業に戻り田んぼの手入れをする。給排水口の修繕、田んぼに日陰を作る木の伐採、ぬかるところに砕石を入れる、低すぎる畔を高くするなど、雪が降る前にやることがたくさんある。以前コンバインがぬかるみにはまってしまい、

福山新田集落から出る時に越える峠の朝陽。

秋の恒例。大根の酢漬け作り。
これと新米の組み合わせは危険。
おいしくて食べすぎる。

スコップで泥を掘り、足場板を敷いてやっと脱出した場所へ、軽トラック五台分の砕石を一輪車で運び入れた。翌年コンバインが無事通れた時はニンマリ。大概やった甲斐はある。これまで軽トラック何十台の砕石を運んできたことか。「これで来年楽になる」と言いながら結局毎年ここあそこと手入れをしている。

玄関を開けると漂っていた新米の香りが、薪と長ネギの香りに変わる。我が家では雪間近の香りだ。薪作りも大詰めの時期。木にもよるが軽トラック一〇台分くらい。ブナ、ナラなどを切ったり割ったりして玄関土間に運び入れる。ロバを飼おうと思って作ったスペースは薪置き場のまま終わりそう。たいてい一一月には雪が降る。雪の中で薪作りはしたくないので、山仕事の後、ヘッドライトを装備して作業。薪作りと水路掃除を終えると、一年間の仕事をほぼ終えられたとホッとする。

農業を中心に、自然に添う生活は「後でいいや」がしにくいことが多い。結局、しわ寄せが自分に来るので。だからこそ必要に迫られて面倒くさがりの自分でもやり切れる。

これは良かった事例⑪

自然に添う生活は暮らしを整える。その案内役は農業。

年に一度の営業

文化の日に営業に行くのが恒例になっている。知り合い兼お客さん主催の神奈川県厚木市でのオープンガーデン。大きくない乗用車に米を二〇〇kg、味噌を二〇kgくらい積んで売りに行く。主催者さんの方で注文予約をかなり取ってくれるので営業と言うより出張販売に近い。私には高校の同窓会のようにもなってい

年に一度の出張販売。

て、毎年同じ顔触れの子どもたちも集まる。連れ合いに販売を任せて、私は子どもたちと鬼ごっこをしたり海外のアナログゲームをしたりして一日遊んでいるという役目（？）。子どもたちを楽しませて親にお米を買ってもらうという高度な営業である。と言っても一番楽しそうにしているのはこのおっさんである。まさに前述した顔の見える関係。どういう人が自分のお米を食べているかを知るとモチベーションの高さも違う。まだ会ったことのない常連のお客さんを訪ねる旅とかも楽しいかもしれない。恥ずかしくもあるけれど。写真でもいいからお顔を拝見したいなぁ、とよく思う。これまた恥ずかしくて言えないけれど。

コシヒカリって余ってるの？

お米（うちはコシヒカリのみ生産）の収量が確定し、新米予約の出荷の大きな波が通り過ぎると、一年間の販売数の見込みを立てる。定期のお客さん、不定期だけど常連のお客さんの分を優先的に確保。ホームページ、人づてやたまに買ってくださる方のための予備分。それとどうしても在庫切れになってしまう郵便局のカタログ販売分を決める。そこでのリピーターさんもたくさんいらっしゃるので在庫切

お米の出来具合を見て次年度の肥料設計をする。

れは心苦しいものがある。年に数回は棚卸しをして定期の方や長い付き合いの常連さんの分が足らなくならないように調整する。まだ三トンくらい生産量が足りない。近いうちに面積が増えて賄えるようになるはずである。

世間では米余りだという。農林水産省によると主食用米の需要は毎年八万トンも減っている。これは新潟県の水稲作付け面積の一割以上に相当する量だ。私が生まれた約五〇年前と比べると一人が食べるお米の量は約半分になって年間五四kgだ。一人が月に四～五kgとなるとやはり少ない感じがする。私はかつて自分一人でひと月約二三kg食べていた(一日五合で計算)。相当好きだな、米。米作りをするわけだ。

また、消費割合が変化し、三回に一回は外食や買って食べるようになってきているらしい。魚沼の農協や市では主食用(家庭用)のコシヒカリではなく、外食産業や弁当などの業務用の「あきだわら」や「つきあかり」、または飼料用米を作るよう推奨している。コシヒカリはだぶつき、業務用の米が不足しているからだ。

毎年コシヒカリの在庫が足りない自分としてはこうした話に疑問も浮かぶ。パンや麺を食べることが増えてきていたり、量を食べなくなってきたのは理解できる。が、米の販売不振の原因の一つにはこれまでの売り方の問題があるのではないのか。古米や品質の落ちてしまった米を混ぜ、異常に安く、おいしくない米を市場にはびこらせてしまった。それも米の消費落ち込みに輪をかけたのではないのか。そういうことができないように国は規制をし、米の質と価格を守るべきではなかったのか。国は中間業者と販売業者だけがうまい汁を吸うような仕組みばかりを後押ししてきたのではないか。まともな米をまともな価格で販売してきていれば消費者はちゃんと買ってくれていたのではないのか。私のような産直でなくとも。

うちから卸している神奈川県の信頼できるお米屋さんはむやみに安売りなどせず、適正な価格で、きちんとコンスタントに売ってくれている。お客様と生産者を大切にして信頼関係を築きながら。誰も大儲けせず、誰も苦い思いをせず、それぞれが気持ち良く利を得る。そのお金と作物の流れは間違いなく正しい。

これは良かった事例⑫

一〇件に一件の営業結果でも、素敵な一件なら一〇件分の価値。

量の話から余談。

東南アジアを中心として、世界の人口の半分が米を主食にしている。

では、世界で一番お米を食べている国は？

一位バングラデシュ　二位ラオス　三位カンボジア　四位ベトナム
一七位中国（世界一の米生産国）、そして日本は……五〇位（一人一日当たり換算。ＦＡＯ〈国際連合食糧農業機関〉ＣＡＳＴを基にしたトリップアドバイザー資料より）。もっと上位かと思っていた。

ちなみに一位は一人一日におにぎり一〇個以上。日本は同三個。前述の一日でご飯茶碗約二、三杯ともだいたい合致する。


主食が余っているなら政府が買い取り、災害が起こって困っているところや難民キャンプなどに届ければいいのに、と思う。国内でも子ども食堂などへ。喜んでくれるところはいくらでもあるはず。少なくとも戦闘機買うよりもずっとずっと積極的な平和政策だと思うのだけれど。

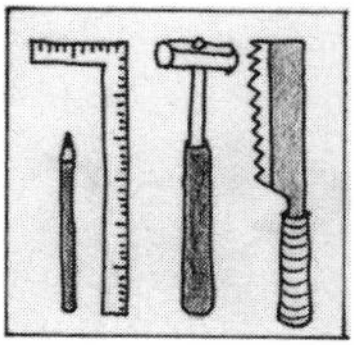

セルフビルド……ロマンよりガマンの家造り

自分で造るしかない

二〇〇二年の一一月。今住んでいる家に引っ越した。未完成の家に。セルフビルドの家と言うと聞こえは悪くないが、お金がなくて自分で造るしかなかっただけ。

借りていた家の大家さんが戻ってくるというので他の家を探さなければならなくなった。この集落を出るつもりはなかったので周りを探すが、当時、空家はほとんどなかった。あっても除雪車が入る道路から五〇mも離れているし、かなりの修理が必要だった。当時、玄関が道路から三〇mあるところに住んでいて、雪の時期に雪を踏んで道を付けるのに手間がかかったので、除雪してもらえる道路からはあまり離れたくない。アパートのような元教員住宅も家族四~五人には狭すぎるし、農家としては一軒家が欲しい。つまりは新たに造るしかない。四間×四間の間取り図を描き、工務店に見積もってもらうと一六〇〇万円くらいだったか、とても払えない額だった。結局、自分で造る以外の道はない。その費用も連れ合いの親から借りて。土地は村と区から格安で売ってもらえて助かった。

なお、いきなりまともな大きさの家が造れるはずがない。まずは四畳半の小屋を造ることにする。この大きさだと許可や申請もいらない。隣の家まで七〇〇m離れているので、早朝と、仕事が終わった夜に作業していても大丈夫。基礎工事、木材の加工、組み立て、屋根張り、塗装。もちろんずぶの素人。本で勉強したり大工さんに教わったりしながら何とかかんとかしのいだ。第一関門は専門用語。「土台は腰掛け蟻継ぎで根太は一間飛ばしなら三寸厚の三尺おきで五分入れ」。ちんぷんかんぷん。ほお杖？　火打ち？　唐草？　面戸板？　鼻隠し？　苦手な英語より分からない。本を見ても用語や釘の長さや間隔など細かいところまでは書いていない。今ならインターネット検索しまくっていることだろう。

どれくらいの太さの木材がどれくらいの積雪に耐えられるのかも分からない。たまたま集落に大工さんがたくさんいてくれて助かった。大工さんと会うたびに何か質問していた気がする。コツコツと作業を続けてかろうじて小屋を完成させる。

にわか大工の奮闘

二年目は車庫兼作業場。二間×五間（一〇坪の建て坪の二階建て）。基礎はコンクリートブロックで、骨組みは単管パイプで造ろうとしたのだが、そういう建物は法的に造ってはいけないことになっていた。

ここは残念ながらなんと「都市整備区域」に入っていて、図面も自分で引いたものはダメ。建築士が構造計算書類も合わせて申請しなければならない。自分で造って自分で住むのに、しかも周りには木と草しかないようなところでなぜ細かい規制を受けなければならないのか！　ここのどこが「都市」だ～、なんてわめいてみても仕方なし。もぐりでやるには目立ちすぎている。今度の基礎は大がかりで初めてやるには難しそう。建てているうちに雪が降ってしまうと大変なことになりそうなので基礎工事はプロにお願いした。

材木は同じ寸法のものとして届けられたものでも微妙に太さが違う。反りやねじれもある。時間が経つとやせてもくる。無垢の木材とはそういうものだと知った。木の反りを場所によってどう使うかのノウハウなども地元の大工さんに教えてもらった。長物が必要なところは材を継がなければならない。その加工は端材を使って反復練習。継ぎ手をぴったりに収めるのは難しい。ノミの刃の切れが良くなければいい継ぎ手は造れない。このノミを研ぐ、と言うのがまた難しい。砥石《といし》はいつまでも平らでいてくれないから。砥石を平らにするのも一つの仕事になるくらい。奥の深い大工職人の世界。山仕事でもそうだが刃物が切れないと効率がまるで違うし、余分な力も入って危険。付け焼き刃でできるものでもないので、刃研ぎは妥協しながら。最後は時間もなくなり簡易的な電動研ぎ機を使った。

一人での作業で大変だったのは長さ一〇ｍのトタン屋根張り。あっちを上げればこっちが下がる。下手をすると落としてしまったり。トタンに穴を開け何か所かフックを掛けられるようにして荷締めロープで少しずつカチャカチャと上げていって合わせる。一人で何とかするしかないので、ない知恵を必死に絞り出す。家造りの時の一人で何とか工夫してやりとげる訓練はその後の生活技術として非常に役に立っている。これは人を頼んだ方が良いなという判断もつくようになる。歳と共に頼むことが増えている気がするけれど。

車庫も何とか形になる。その時点では二階は必要ではなかったが、雪でつぶされないようにするため高く造った。その後、この二階のスペースは味噌の発酵場所と木工室として重宝することになる。

車庫の中で木材を加工して、いよいよ母屋造りに取りかかった。

どんな家にするかの計画で、五〇枚綴りの方眼用紙を二冊使い切ってしまった。初めはログハウスを建てようと思った。間取りを決め、丸太がどれくらいいるか、それでいくらかかるかまで詰めた。が、積雪に対して高さが取りにくくて断念。最後は一人で造りやすそうな、基礎が高すぎない在来工法に落ち着く。とにかく力のかかり方と造作がなるべくシンプルな構造にする。かつ、一人で動かせる大きさの木材になるように。間取りを練りに練って必要とされる各種図面を描き、設計士さんに、申請用に完成させてもらう。ほぼ原案通りで構造計算や筋交い位置などを書き足してもらう。

前年に造った車庫に通いながら母屋の木材を加工し始めたのは冬。しこたま買って積み上げた木材を動かそうと腰を落とす。

んっ！　ん？　あれ？　みんな凍ってくっついてる！

叩いてやっと離しても、氷の膜で墨付けができない。ストーブで角材の氷を融かしながらの異様に効率の悪いスタートになった。凍るほど水分のある木材の重いこと重いこと。細い丸太のコロを敷いて何とか一人で動かす。木材は国産材を地元の製材屋さんから調達した。きれいな材料を見て、これは居間の見せる梁にしようと張りきって手間をかける。カンナとヤスリ掛けを念入りにして養生シートにくるんで置いておく。半年後の出番にシートを取るとカビで真っ青。自分も真っ青。急遽、梁の磨き直し。これから組もうという時に大幅に予定が狂ってしまった。さすが素人。加工ミスもあれば段取りミスでの時間ロスもある。短気を起こしながらも諦めずに粘るしかなかった。

少々横道にそれるが、今になると思うことがある。木材が凍ってしまったりカビたりしてしまうことや、サイズのムラや曲がりについて、木材はそういうものだと思って疑問を持たなかった。国産材を使うこと自体が大事だったし、そうした材をうまく使うのも大工の腕なのだろう、と考えていた。でも実はそこに国産材の問題が潜んでいるのではないか。例えばホームセンターなどにある輸入材の代表格とも言える2×4材《ツーバイフォー》。しっかり乾きサイズも同じで曲がりも非常に少なく、カンナ掛けと角を取る面取りまでしてある。木材の規格品としての完成度が高く、それは間違いなく施工の効率化につながる。しっかり乾燥されていれば建築物となった後の狂いも少ない。海外ではそういう木材を作る努力を重ねてきたということだ。2×4材に限らず、大手の住宅メーカーが輸入材を使うのは、値段だけではなく、そうした効率性やノンクレーム性にあるのではないだろうか。そこには国産材が見習うべき点が示されている。商品としての改善を怠ったままで「国産材を使おう」と叫んでも使う側を説得しきれない。

農業林業に加え三足目のわらじのにわか大工。半年間、時間を作っては母屋の木材を加工する。基礎は外注した。確か梅雨の時期くらいから木材を組み始めた。普通は一日で組んでしまうもの。それができないとどうなるか？　雨が降る。基礎がプールと化す。どこからかカエルが集まり泳いでいる。しかもたくさん。エンジンポンプを借りてきて排水。義理の姉さんが来てくれていた時は、基礎内から出られなくなったカエルを救出してくれていた。仕切りがあってプールの数が多いのでかなりの時間がかかる。そんな排水作業を三回も四回も繰り返しているとさすがに焦る。何やってるんだ～！　早く建てねば！

数十本もの木材を組んでいく。通し柱が垂直にならない。それに気付いたのは手伝いに来てくれた素人さん（その後、製材屋に勤めて木工職人になった）。あっちを締めてもこっちを締めても上の方が開いて直らない。大工さんに聞くと瞬時に解決。「この土台と胴差しの長さは同じかい？」。さすがはプロ、と言うか自分がド素人。柱の間の横材の長さが違っていた。なんでそんなこと気付かないのか不思議だが、木材の寸法を間違っているとは思っていないし、木材がピシッとはまっていくと何が悪いのか気付けない。結論としては五㎝長かった上の方の横材を詰めて解決。なんと五㎝違っても木はしなるので組み上がってしまうのだ。掘るべきところが掘っていなかったり、同じ柱が二本あったり。ミスはあれどもケガをしなかっただけ良かったと思おう。

山の秋はいい天気が続かない。ちょうどその頃、外壁張りや塗装にあたる。悪天候の合間をぬって塗装を始めると、突然シートが引きちぎられるほどの雨風。思うように進まないうちに雪。足場の雪かきで大半の時間を使っている。三週間ほとんど降りっぱなしの中、外壁を終える。終わった途端、二週間以上ほとんど降らない。今でもあの時の「なんでやねん?」(なぜか大阪弁)の気持ちはリアルに思い出せる。外壁ができてホッとした時にはすでに一階は雪に埋まっていた。

外まわりができただけの家。一年を待たずに引っ越さなければならない状況。子どもたちにも手がかかる時期。常にこれからの段取りを考えている。とにかく根太を入れて床を張って、トイレ、風呂、台所、階段を使えるようにする。ある程度進めないと配管工事も頼めない。壁の仕切りも最低限のまま。常に五分でも惜しい精神状態だった。もう味わいたくない。……でも限られた時間の中で動きまわることがちょっと染みついてしまったかもしれない。

引っ越した後も続く家造り

新居の夢のようなイメージからは程遠いまま、無理やり引っ越し。よりによって毎日大雪。引っ越し一週間前は仕事も休み、夜中の一時、二時起きで追い込み。引っ越す直前まで古畳を丸ノコで切って合わせている。ひと区切りついたのは風呂と寝室のみ。ドアは八枚のうち二枚しかできていない。まさに造りかけの状態。

引っ越してしばらくすると子ども二人がインフルエンザ。ちょうど、三番目の子が生まれ、連れ合いと赤子は病院。私も引っ越し前の過度な無理がたたって四〇度超えの熱。ふらふらしながら娘二人の面倒を見る。高熱の中、脳のどこかでピシッと何かが切れるのを感じる。皆で入院しちゃった方が楽だったかもしれない。

新居生活、……ワクワク気分もあったはずであろうにその記憶は完全に抜け落ち、覚えているのは怒濤具合だけ。新居での楽しげな写真が残っているのがせめてもの救いか。うれしそうに写っているな〜。

すべり棒と3段ベッド。

土間からの玄関扉。いらっしゃい。

ある時、屋根裏に上がってびっくり。屋根の野地板がびしょ濡れ、かつカビだらけ。雨漏り？　屋根を直すの？　呆然としながら悲しみの観察をしてみるが、どこかからあからさまに漏れている様子はない。結露か！　結露でここまでなるのかと驚いたが、結露で野地板が腐り屋根を張り替えるというのは実際にあることらしい。少々寒いが屋根裏の窓を開けっぱなしにしてカビの増殖を防ぐ。広大なカビを拭き取って防カビ材を塗る。通気口を作って断熱材を入れて杉板を張る。……すごい作業量。怒濤の日々は続く。相当に続く。

住みながらの造作は思うように進まず、完成は引っ越してから七年後。その頃には外壁の塗り直しや建具の修理が始まる。ゆっくりできる時は果たして来るのか。

家を造っているのは集落でもさすがに目立つ。「いいのぉ、楽しみがあって〜」とよく言われた。でも「そうですね」と素直に答えられなかった。「いやぁ、造るしかなかったんですよ〜」という感じで答える。時間とお金がたっぷりあってゆっくり自分のペースで造ったら楽しかったのかもしれない。が、勤めの山仕事と田んぼと並行して雪と格闘しながらの家造り。現実はなかなかにシビアでありました。知っていたら手を出せなかったに違いない。ロマンよりガマンの家造り。

天井も一枚一枚杉板を張る。

でも、もちろん、造って良かった。何より、家は必要だったし。充実感は満点。あとは結果論だけれども、ここで暮らすための基盤と自信も持てた気がする。自分でやれることが増えたのも便利だし。使って使って使いまくったエネルギーは減らなかった。「楽しい」かどうかというのは、何かをやろうとした時の副産物にしかすぎないと私は思っている。幸か不幸か、楽しくなくても別に平気な性格だ。やろうと思ったことをやって暮らしていけることが何よりありがたい。そして家造りでたくさんの人からさまざまな形で助けてもらったこと、これも本当にありがたいことだった。

母家造りをしている時、長女は五歳前後。よくノコギリを引いたり、端材を釘でくっつけたりして遊んでいた。漆喰《しっくい》塗りの達人の仕事ぶりをずっと見つめていた。レゴブロックも「これが三間×四間のおうちで～」とかブツブツ言いながら遊んでいて笑えた。中学生の「技術」の授業で本箱を作った時は釘打ちもノコ引きも、男子よりうまかった模様。大学は住空間デザイン学科へ。就職もハウスメーカーに。この間二級建築士の試験に

難しかった押し入れ。

合格した。まさか「こういう家を造って」と図面なんて持ってこないだろうな。

自分で家を造った友人は自分の周りだけでも県内に三人いる。その友人の友人も何人か造ったらしいから、セルフビルダーは案外と多い。何か特別な能力がいるとは思えない。「造りたい」「造るしかない」という意志のあるなしに決定されるのではないか。ほとんどお金をかけず廃材で造るツワモノもいる(注)。

私は特別に器用ではない。すぐにできるようになる速修タイプではないから時間をかける。もしかしたら自分の常識のなさと無鉄砲は追い風だったかもしれない。なんの根拠も自信もないのに「できない」とは考えなかった。もうとにかくやるしかなかった。え？　それって馬《ば》……、いや、人は

(注) 上越市の山の中に廃材で家を建てた友人の瀬谷佑介氏。もはや三軒目。トイレの便座が木のうろなのを見た時には感動した。娘三人を育て、無農薬有機栽培の米と野菜を作る、ほぼ専業農家のシンガーソングライター。FMみょうこうのラジオ番組「瀬谷佑介の我が家から」のパーソナリティーも務める。他ではまず聞けない山の暮らしの話が興味深く、共感する。彼の「穂が揺れる」という曲を私は特別に気に入っている。

家造りの現場でよく遊んでいた長女。

次女と猫のもなか。３段ベッドにて。

追い詰められると思わぬ力を発揮する、ということにしておこう。

余談だが、家造り中のお供はカセットテープでの音楽だった。中島みゆき、ザ・ブルーハーツ、ザ・ハイロウズにはとりわけ応援してもらった。その後、ｉＰｏｄやｉＰｈｏｎｅに姿を変え、田んぼの草取りやスコップ作業ではさらに、鬼束ちひろ、矢野絢子、ＧＯ！ＧＯ！７１８８、椎名林檎、中ノ森ＢＡＮＤ、阿部真央、倉橋ヨエコ、黒木渚、間々田優、ハンバート ハンバート、ミシェル・ブランチ、ケリー・クラークソン、Ｐ！ＮＫ《ピンク》、さねよしいさ子、ＳＩＯＮ、井上陽水、バンプ・オブ・チキン、ＢＩＧＩＮ、瀬谷佑介……など数十人の歌声に応援してもらっている。

長男と次女。

家造りの予算公開

セルフビルドに関心がある人のために、予算的なところを少し。基礎と水まわりと電気関係の一部は外注。漆喰壁と風呂のタイル貼りは犬友だちの左官屋さんがやってくれた。材料代抜きで。

四間×五間二階建て（四〇坪）基礎高九〇cm　風除室と動物小屋は別途後付け

敷地九一七㎡（二七七坪）代および登記代含む　柱は四寸（一二㎝）角

・木材料（ほぼ国産杉）　三〇〇万円
・基礎（ほぼ外注）　一六五万円
・水まわり（外注。設備含む）　一四〇万円
・内装（不燃材など）　三七万円
・塗料　一八万円
・サッシ　一五万円
・屋根トタン　一四万円
・電気関係　一一万円
・断熱材　一一万円
・金具　一〇万円
・ガス　三万円
・その他　一六万円
・工具　二六万円
・製図　二六万円

この壁の漆喰は知り合いの名人が格安で塗ってくれた。15年経ってもきれいな壁で快適な部屋だ。

・土地・整地・登記　　三三二万円

計八二四万円

豪雪地帯ゆえの風除室や雪囲い、金具、断熱材、太い木材料などで一割増しくらいにはなっていそう。畳はすべてもらいものを切って加工。サッシもほぼもらいもの。洗面台、台所の調理カウンターなどももらいもの。それでも思っていたより費用はかかった。どの材料をどれだけいつまでにどこへ入れるか、発注や打ち合わせなど管理的な仕事が思いのほか面倒だった。段取りが悪いと時間を無駄に費やしてしまう。

建築士の図面が不要で、水は山から、材料は廃材となればぐっと安くできる。

「一戸建て新築八八〇（パパマル）万円」なんて広告チラシを見ると驚く。大工さんの手間賃はどこ?

世の中は謎ばかり。

これは良かった事例⑬

家造り。自分の中から沸いてくるエネルギーは使っても減らない。出し惜しみしているとしぼむ。

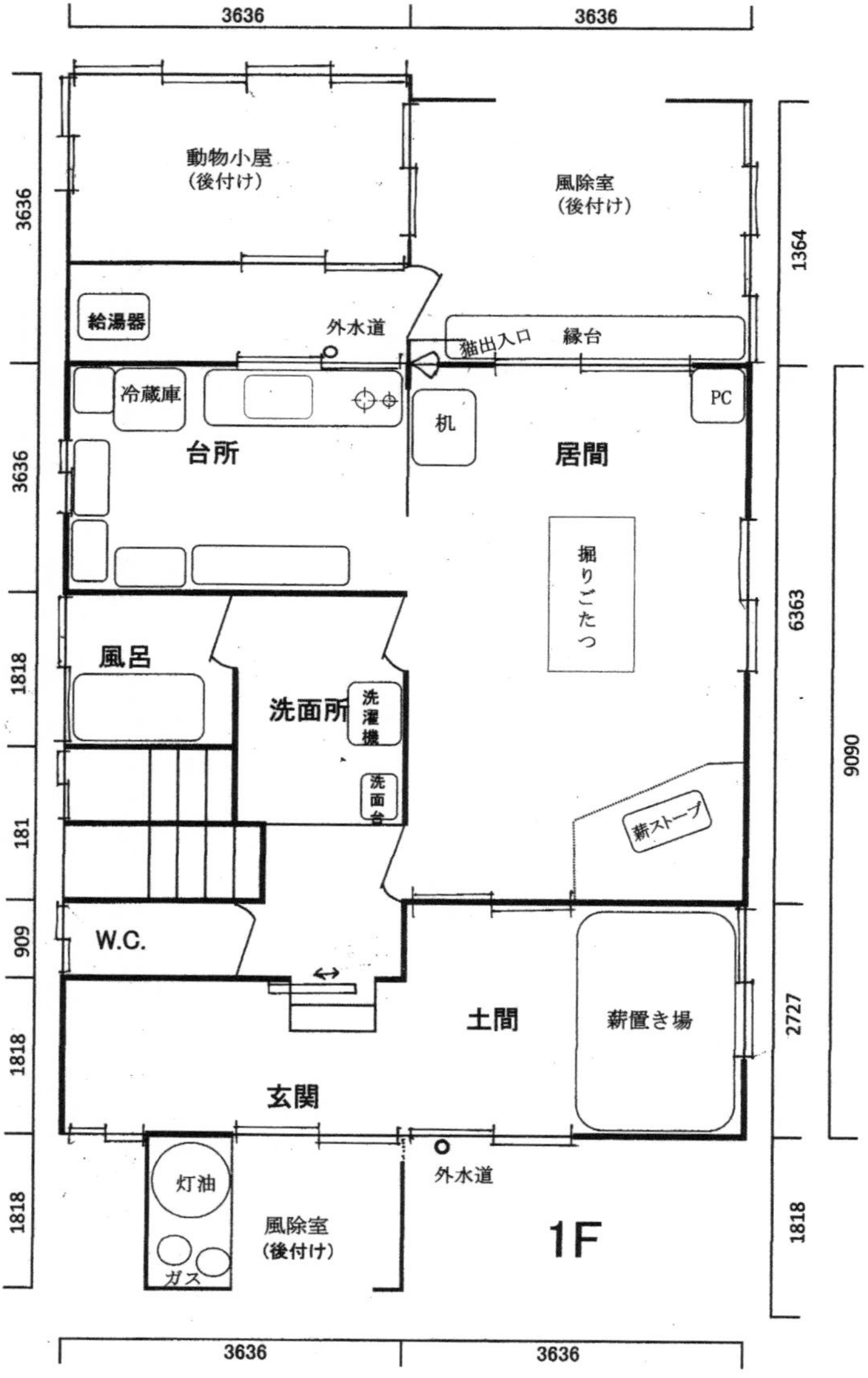

3636
3636
動物小屋
（後付け）
風除室
（後付け）
3636
1364
給湯器
外水道
猫出入口
縁台
冷蔵庫
机
PC
台所
居間
3636
掘りごたつ
6363
風呂
洗面所
洗濯機
洗面台
1818
9090
181
薪ストーブ
W.C.
909
土間
薪置き場
2727
1818
玄関
外水道
灯油
ガス
風除室
（後付け）
1F
1818
1818
3636
3636

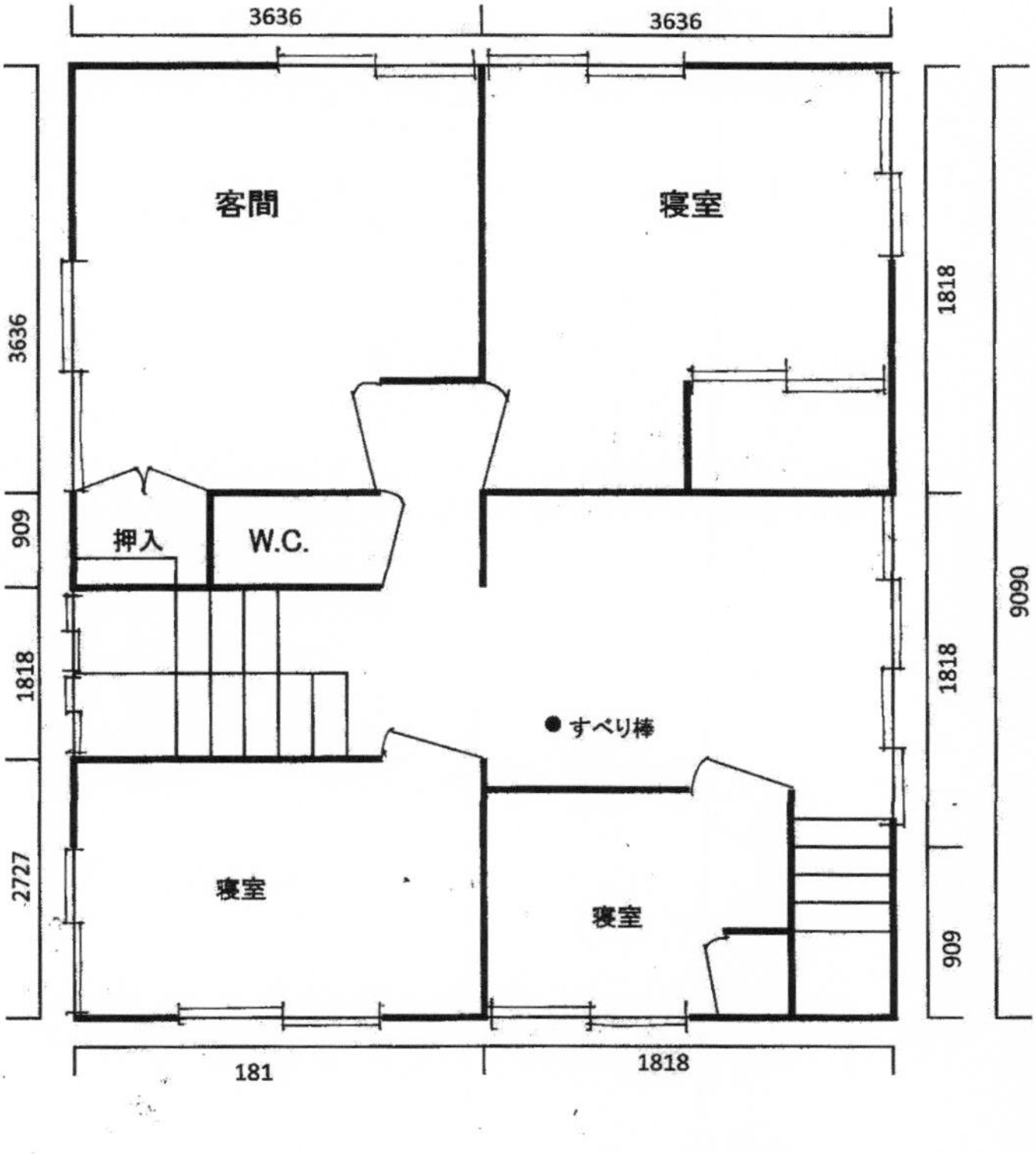
3636
3636
客間
寝室
3636
1818
押入
W.C.
909
9090
1818
1818
すべり棒
2727
寝室
寝室
909
181
1818
2F

12月

我が家のクリスマス

大地がすっかり雪に包まれると外作業はぐっと減る。後回しにしていた、家の中でできることをこなす時期でもある。

枝豆を畑で茶色に枯れるまで放っておいて、秋に根から取って干しておく。そこから来年に植える種を取る。まずは殻ごともぐ。これだけ？という量になる。そこから乾いた豆を取り出す。これっぽっち？という量になる。これが地味な作業。実は私、二〇一八年冬、初めて連れ合いと一緒にやったのだが、何とも地味すぎる作業。機械を買うほどの量でもなし。連れ合いはよくこれまで毎年一人でやっていたな、と思った次第。いい素材を得るには手間がかかる。「これは家族でしゃべりなが

クリスマスイブ。大豆の種取り。

らやればなんてことないのかもね」「食べ物を作り出すことの手間も感じられるかもね」などと話しながらもぐ。

夏のずんだ餅しかり、こういうのは昔の田舎暮らしの象徴のように感じる。手間をかけて何かを得る。薪ストーブにしたってエアコンや灯油ストーブの方がよっぽど楽だし。でも薪ストーブでしか得られない価値は必ずある。それは実際に体感しないと分からない。今の世間とはかけ離れた、昭和を飛び越え大正か？ というような非効率な話だけれど、そんな静かなクリスマスイブもまんざらではない。

頻繁ではないが、かんじきのひもの交換も冬の仕事。猫は遊んでもらっているとしか思っていない。手を出されてやりにくいったらない。一つ目二時間、四つ目三〇分で交換。進歩した。

かんじきのひも交換。猫がじゃれる。

廃止されてしまった種子法

そんな悠長な大豆の種《たね》取りとは違って、種《しゅ》に関して苦々しい動きがある。二〇一八年四月に廃止された、米・大豆・麦に関わる「種子法」。戦後に飢餓を経験し日本の国民を飢えさせないという理念をもとに制定された法律で、調べるほどに価値のある素晴らしい法律。地域に合った多種多様な種が開発され、維持されて安価に提供されていたのはこの法律のおかげであろう。国の予算のもとで種が守られていた。

だが種の価値を熟知した上でしっかり議論されたとは思えないうちに、種子法はたちまち廃止されてしまった。廃止の理由も「近年は、種子生産者の技術水準の向上等により種子の品質が安定しているという現状や、多様なニーズに対応するために民間ノウハウを活用して品種開発を進める必要があるにもかかわらず、都道府県と民間企業の競争条件は対等ではなく公的機関の開発品種が大宗を占めているという現状に鑑み、法を廃止することとなりました」(注)という企業の参入を推し進めるだけの、全く説得力のないもの。これまで公的機関がやってきたことの評価もない。そもそも民間参入を阻害する規定すらないのに。

日本の農業と国民にとってこの種子法を廃止するメリットは何もない。だからこそすぐに野党から種子法復活法案が提出されているし、農業を主軸にする自治体でも次々と同法に代わる県や道条例が制定されている。ここ新潟県でも。農家ら一三〇〇人による「種子法廃止は憲法違反」とする提訴も起きている。

グローバル種子企業の独占や種の価格上昇が懸念されている。そしてそれを後押しするような政策を日本政府が推し進める。種子法廃止と同時に成立した「農業競争力強化支援法」には、これまで国や県の農業試験場が開発してきた米の品種とその関連情報を民間企業に提供するように書いてある。何だそれ？　何を言ってるんだ？　そして「種苗法」で野菜・果物の自家採取禁止の枠も広げようとしている。違反すると一〇年以下の懲役または一〇〇〇万円以下の罰金、しかも共謀罪の対象にもなる、と。もう滅茶苦茶だ。種は、人が世代を継いで生きるために守ってきた大切なもの。一部の政治家の利権や、大手アグリビジネス企業に天下る役人、短期のうちに求められる企業利益を上げるために利用されるべきものではないのは明らか。そんな当たり前なことすら通用しなくなってしまったのが悲しくも今の日本らしい。

雪

新米出荷も落ち着き、薪や雪囲いの冬支度が整うとお歳暮のシーズン。自分では一度も送ったことのないお歳暮。うちの米を郵便局のカタログから贈り物として注文してくださる方も多い。熨斗《のし》にもいろ

（注）「主要農作物種子法を廃止する法律の施行に伴う例規整備」（平成二九年四月二一日法律第二〇号）

んな種類があり、東と西で作法も違うようだ。インターネットで調べながら日本人ならではの分野を五〇歳過ぎて学んでいる。

そんな頃、辺りはすっかり銀世界。空気が澄んで星がよく見えるのも冬。まさに満天の星で天の川もはっきりと見える。そんな日はとても寒い。

私がここに来てから一番多い時で積雪四・八m。そんなところで生活可能なの？　と思う人がいても不思議ではない。でも大丈夫、除雪態勢が整っているので車の往来はできるようになっている。水も電気も電話もつながっている。インターネットは場所によるけれど。たくさん雪が積もるところは実は寒さはそれほどでもない。マイナス一〇℃になるのは稀。家は雪に覆われると意外に寒くない。雪かきをすると身体は温まるのでたいして厚着もしないで済む。

以前住んでいた家は雪下ろしをひと冬に一〇回以上することもあった。そんなに難しい作業ではないが、下ろした雪が積み上がって屋根につくようになってしまうと下の雪をどかさなくてはならない。周りの雪が屋根より高くなると屋根を掘り出すような状況になるので、この辺りでは雪下ろ

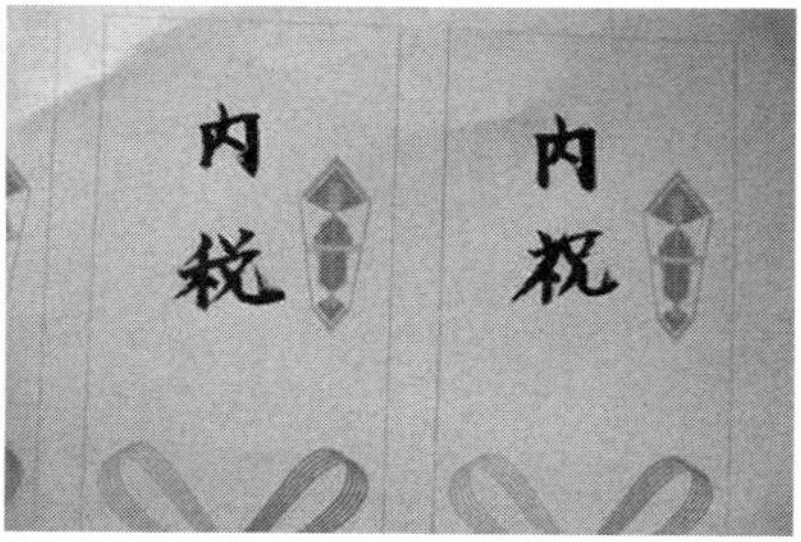

似てる。

しのことを「雪掘り」とも言う。

今の家は自然落下。屋根には登らなくて良いが、落ちた雪が屋根につきそうになると雪をどかすのは同じ。豪雪地帯では一階部分をコンクリート造にした三階建ての家も多く見られる。そうすると落ちた雪が屋根につく心配がなくなる。また、自然落下にして落ちた雪を投雪機で飛ばしたり、水をまわして溶かしたり、屋根の上で熱で融かしたりと、だんだんと屋根に登らないでいい生活スタイルになってきている。

除雪ドーザーのオペレーター（運転手）を始めて一二年が経つ。それだけやっても先輩の技術と比較すると一人前になった気がしない。夜中の一時前後に起床して除雪作業を行う。ここに人が住むための大切でやり甲斐のある仕事だ。

車のない時代、かつては片道二時間かけて峠を越えて歩いて下の集落へ買い物に行っていた。車が普及して便利になったら逆に過疎化が進んでしまったという皮肉な話である。集落人口でみると、一九五八年には八二七人。現在一二〇人。ここから通える仕事はあるが、職種は多くない。うちの子どもたちも希望の職や学校がここにはなく順々に巣立っていっている。それはそれで、いろんな世界に出合うといいと思う。

雪が屋根につく前にどかす。地面から屋根までは7m。屋根雪が落ちる分、他の場所より雪が多い。

雪があまり降らない地域から見ると雪は大変だというイメージが先行してしまうかもしれない。でも住んでみると慣れてしまう。むしろメリハリがはっきりとした四季はここに住んでいる価値のような気さえしてくる。

吹雪が過ぎ去った後の突き抜けるような青い空（子どもの名前にもしてしまった「空」）。朝陽でまたたき光る雪。凛とした空気の中、月の光にきらめく雪の野（子どもの名前にもしてしまった「雪野《せつの》」）。雪の片付けをした後、ストーブで薪の燃える音、心地良い暖（子どもの名前にもしてしまった「薪《しん》」）。たびたび出合う至福の瞬間は、住んでいるから分かることの一つ。人工物では決してかなわない「美」がある。

軽い雪、重い雪、大粒の雪、細かい雪。いろんな雪があるけれど、私のお気に入りは青い雪。水分の多い降り始めの雪が積もっているところに見られる。「波長の長い赤側の光は周りの雪に吸収されやすく、目に届くのは青い光が残るから」らしいです。分かったふりをしておこう。いい呼び名がないようで、勝手に「瑠璃《るり》雪」と名付けて見るのを楽しんでいる。

居間の明かりで夜でも外で雪遊びをするのは長女と長男。

冬、うちの周りはソリ場になる。やるのはもっぱらソリとタイヤチューブすべり。雪の中で子どもたちとはよく遊んだ。屋根から積もった雪へ飛ぶのもおもしろい。滑りすぎると川へ落ちるようなところでも子どもはそうならないようにしたりするもの。手足がビショビショになってもなりふり構わず遊んでいた子どもたちは大きくなり、現代っ子のご多分に漏れず、スマートフォンやオンラインゲームに時間を割いている。身体を使って遊んだ楽しい感覚が芯の方に染みついていますように。

仕事から帰ると、毎日のように作ったり描いたりしたものが増えていた。

集落内で雪遊びの子どもの姿を見かけるのは、孫が遊びに来ている時くらい。少々寂しい現実だが、子どもたちと雪、相性が良いのはいつの時代も変わらないはず。またそういう姿が日常的に見られると良いのだが……。

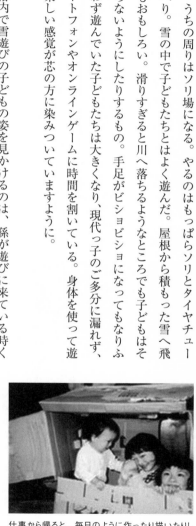

子どもたち

冬に限らず、子どもがのびのびと育つには田舎はいい環境だと思っている。うちの周りで木の芽（三つ葉アケビのツル）を摘んでおひたしにしたり、栗拾いをして栗ご飯を作ったり、シロツメクサを摘んで編んだり。お隣まで遠いのでいくら歌って踊って騒いでもいい。集落ではみんな温かく接してくれる。小さい頃の長女はとにかく散歩が好きで、一日に何度も母娘で犬猫と歩いていた。道路を貸し切りで歩く癖がつき、東京に里帰りした時も長女が道路の真ん中を歩きたがって連れ合いは怖かったらしい。油断するとすぐに真ん中へ。のびのびすぎだ。

一つ大きな問題は、友だちと遊びたい時に親の送迎がいること。近くに子どもがいないのは諦めるしかない。この集落内の小学校に通ったのは長女だけ。それも一年生の時だけで閉校になった。以来、保育

この生地、硬すぎだろ！

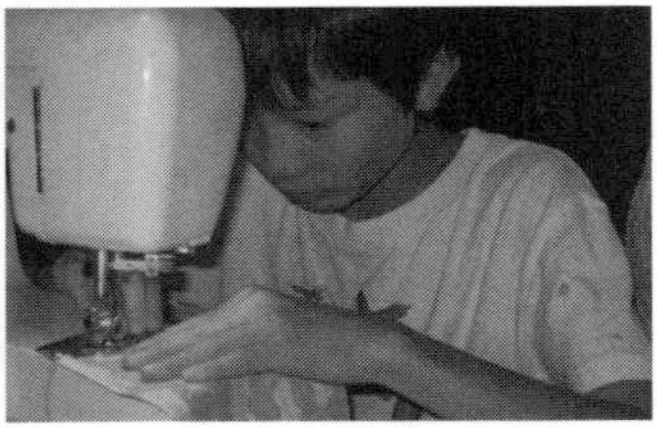

とにかく何か作っていた長男。

園から中学校までの通学は玄関前にバスやタクシーが来てくれるお嬢様・お坊っちゃま状態。寄り道とかができなかったのは残念なこと。都会なら逆に安心することもあるのだろうけど。

子どもたちと連れ合いは毎日のように何か描いたり作ったりしていた。私が家に帰るとたいてい新しい作品があった。絵や切り絵、貼り絵、折り紙、紙工作だったり、粘土、紙粘土、積み木やレゴブロックだったり。まあ、それはそれは散らかっていた。

私が一番遊んだのはカードゲームやボードゲーム。長女とＵＮＯをやりすぎて飽きて、アナログゲーム先進国のドイツのものをやり始めた。子どもから大人まで本気になって遊べるものが途方もなくたくさんある。最近は世間でも裾野が広がってきた感がある。そのうち子どもたちは父親とは遊ばなくなるが、父親だけはアナログゲームにはまったまま。初対面の人でもみんなで楽しめる優れたアイテムだと思う。

ボードゲームはドイツが先進国。

子どもの寝かしつけに絵本を読むのは我が家のお決まりだった。〇歳から小学校高学年まで。赤子やちびっ子はよく寝るものだと思っていたが大間違いだった。長女へは主に私が読んでいたが、とにかく寝ない。一時間本を読んで一時間歌を歌っても寝ないこともある。父は昼間、肉体労働なので布団に入った途端に眠くなる。こちらが眠りそうになると本で叩かれる。鬼だ。眠いのに寝かせてもらえないのは拷問だ。夜が来るのが怖かった。ちびっ子に真剣に聞いてみた。

「ねえ、なんでそんなに寝ないの？」

「だって〜、寝るのもったいないんだもん」

「……そうか」。我慢するしかないか。

次女は寝つきは悪くなかったが眠りが浅いのかすぐに起きる。で、すぐ泣く。今度は大丈夫だろうと三人目の長男。今度は朝が早かった。夜に自分の時間が取れないので何とか早く起きると一緒に起きてしまう息子。苦苦……、これが子育て。でも、まあ、それぞれに元気に育ったので良し。それぞれ自分の進みたい方向を見つけているのも良し。

絵本というと思い出すことがある。子どもも親も大好きだった故長谷川摂子さんの絵本。『めっきらもっきら どおんどん』『きょだいな きょだいな』（降矢《ふりや》ななさんの絵も素晴らしい）など。旧守門村内にある「絵本の家『ゆきぼうし』」つながりで摂子さんが我が家に遊びに来てくれたことがある。その

虫捕り網を振り回せば何か入る。

走れる場所はたくさんある。

場にいた三歳くらいの次女とその友だちと五秒で仲良しになる。気が付くと二人の子どもが摂子さんの頭をペシペシ叩きながら遊んではしゃいでいる。親は焦る。「こらこら」。摂子さんは「いいからいいから」。ずいぶんと楽しそうである。もう一七年も前のことなのにその底抜けな笑顔が忘れられない。いろんな人の絵本の読み聞かせに接している連れ合いいわく、「摂子さんはそれはそれは楽しそうに絵本を読んで、その空気に子どもも大人も心の底から笑い、引き付けられた。こんな人はそういない」。

素敵なお客さんと接する機会も多く、長く読まれるいい絵本に囲まれ、自然と動物と触れ合う中での生活は親子共に恵まれた環境であったと思う。

少し前に子どもたちに別々に聞いたことがある（年齢は当時）。

「我が家の特殊性を感じたことある？」

長女（二二歳）…「特にこれといったことは思いつかないけどなぁ」

次女（一九歳）…「特殊かどうか分かんないけど、他のうちの話とか聞いてると、（うちは）やりたいことやらせてくれる。基本、いい意味で自由、放任な気がする。（よそは）親が子どもに依存してるんじゃないかって人が多い。あとはあれだね、（うちは）いろいろ野性的」「野性的の真意は？」「病院に行かない、山のもの洗わないで食べる、危険な道通って山菜採る、動物洗わない、とかとか」

長男（一六歳）…「テレビを見ない。レトルト食品を一切食べない。予防接種をしない（注）。クーラーがなく扇風機のみ。とか」

一つも被ってないところがおもしろい。子どもたちの中で唯一、焼いたマムシを食べることをいとわなかった長女が、我が家の特殊性をあまり感じていないのはもっともなようでおかしい。

これは良かった事例⑭

絵本での寝かしつけは良きルーティン。名作は親も飽きない。

小農家

新聞やテレビで報道されていた記憶はないのだが、二〇一八年一二月に国連総会で「小農の権利宣言」が採択された。生存権や種子への権利、土地への権利、環境を保全する権利、価格と市場を決める自由、結社や自由な意見を表明する権利、男女平等の支援など、素晴らしい宣言である。でも巨大アグリビジネス企業にはいらない宣言。アメリカやオーストラリア、ＥＵの食料輸出大国は反対。小規模農家が圧倒的に多い日本が棄権する理由は見当たらないが、アメリカへのご機嫌取りなのか、棄権した。

また、国連は二〇一九年からの一〇年間を「家族農業の一〇年」とすることを全会一致で可決した。かつては大規模化を評価していた国連機関のＦＡＯが、地域を維持する小さな農家のあり方や価値こそが世界の食料生産で大きな役割を果たしていると言い始めたのだ。

残念なことに、こうした小農家を尊重する世界の動きは日本の農業政策とは真逆の方向。国や自治体は集落営農の法人化など大規模化を推奨し補助金を出す。同時に、高齢者へ離農も勧めて集約化を促す。

（注）子どもに予防接種の話が来るたびにその効果や副作用や副作用被害の訴訟問題などを調べ、受けさせるか判断した。土地柄、破傷風だけは受けさせた。

近年のもので言えば、あれだけ自治体が推奨していた子宮頸がんワクチンも、副作用で苦しんでいる事例が一〇〇〇件以上報告された。推奨していた厚生労働省もリーフレット『ＨＰＶワクチン（筆者注：子宮頸がん予防ワクチンのこと）の接種を検討しているお子様と保護者の方へ』（平成三〇年一月）の中で「ＨＰＶワクチンは、積極的におすすめすることを一時的にやめています」と明記するに至った。訴訟問題にもなっており、今もなお重い障害に苦しんでいる被害者がたくさんいるが、製薬会社は副作用との因果関係を認めていない。

まさに娘たちが中高生の時に始まり、勧められていた子宮頸がんワクチンだが、これまでの予防接種の問題から、とてもすぐに飛びつく気にはなれなかった。万が一、娘が子宮頸がんにかかってしまうことと予防接種で予想だにしない副作用に苦しむことを天秤にかけた場合、親の責任として、より後悔するのは後者だろうという選択だった。その考えが夫婦で同じで良かった。子どもたちにも予防接種をなぜむやみに受けさせないかの理由は伝えている。

この集落でもいずれは法人化しないと田んぼを維持できないのではないかという意見もあり、研修に行ったりしている。必要性は認めるし、法人の方が人も集めやすい。

ただ、私自身で言えば今の半農半林の小農生活スタイルが好きだ。自然相手の待ったなしの忙しさはあるとはいえ、それは自分を育むことでもあるし、自分の目の行き届く範囲で、作りたいように作れる。産直で多くの常連のお客さんとつながり、おいしいと言ってもらいながら暮らしが成り立つ。昔から精魂込めて作られてきた田んぼも維持される。これ以上は望むべくもない。小農家は日本の山間地に適している形態なのだと思う。理想を言えば、そんな小農家がたくさんあること。

確かに同じ面積であれば一〇枚の山間の田んぼよりも一枚にまとめた方が効率的に決まっている。効率化を求めるだけであれば棚田みたいなものは真っ先に切り捨てられて不思議はない。かと言って単純に大規模化を推進するだけでは問題は解決しない。そもそもが平野の限られている国土。二〇一九年から始まった家族農業を評価する「家族農業の一〇年」や「小農の権利宣言」など国連によるまともな動きに日本が影響を受けてくれれば良いけれど、残念ながら日本の農政は逆を向いたままかもしれない。種子法を廃止するような国だものなあ。

まずは少し前に安倍晋三政権がなくしてしまった、田んぼの面積に従ってもらえる戸別所得補償を元に戻すこと。少なくともそれが新規就農者の助けになることは間違いない。一戸一戸を大切にせずに大規模化を進めることは不可能。大規模化一辺倒の政策だけでは行き詰まる。

1月

農業保護の実態

一月、確定申告の準備。農機具の修理代に毎年ため息し、ホームページ関連の出費に砂を嚙む。収入で少し大きな額のものがある。中山間地直払交付金。山間の傾斜のきつい田んぼに面積当たりで交付される補助金である。棚田をイメージしてもらうと分かりやすい。維持管理に関しては平場の何倍も手間がかかり、収量も上がりにくいのが山間の田んぼ。そこへの補助は妥当だと思う。米を作るというだけで補助がもらえるのはなんて贅沢なことと思う人は多いかもしれない。ところが……。

欧州の農家の収入の九〇%が補助金（二〇一三年）。嘘のような本当の話。スイスはなんと一〇四%。フランスは九四・七%。公務員と同等だ。後継者の心配はいらなそうだ。日本は三九%。自分のことを言えば二〇一八年度の補助金割合は七%足らず。この個人の補助金割合の低さは何なのか？　法人組織への補助や田んぼの大規模基盤整備への補助などが大きいせいなのか。効率の悪い山間地小農家への保護はあまり重要とは思われていないのだろう。せめて自民党がなくした戸別所得補償が残っていれば山の中でもあと一〇％は補助金の割合が上がるのだが。

ＥＵは二〇一六年会計予算の四〇％を農業政策に充てている。日本は一九％。アメリカは穀物輸出のために毎年一兆円を超える輸出補助金を出している。日本は輸出に関する補助はゼロ。「攻めの農業」なんてまさに口先だけの茶番。「六次産業化」の推進は、生産者に「すべて自分でやってくれ」と丸投げしている政府の逃げ口上にしか聞こえない。

いずれにせよ世界から見れば日本の農業は保護などされていない。

ちなみに農林水産関連予算のピークは一九八二年の三兆七〇一〇億円。今はその六割になっている。この間に防衛費は倍以上に膨れ上がっているし、その額も農林水産関係予算の二倍を軽く超えるようになってしまった。

私はお金持ちになりたくて米作りを始めたわけではないし、多大な助成金を期待しているわけでもない。そもそも大金を稼ごうと思って農業を始める人は多くないはず。でも、ちょっと頑張れば家族を養えるくらいの補助はあってもいい。個人の、時給に見合わない労力に依存するばかりではなく、国として。欧州レベルとまではいかなくても、「農業」が大切にすべきものであるのは間違いないこと。他国

各国の1戸当たり農地平均面積

日本	イギリス	アメリカ	オーストラリア
2.27ha	78.6ha	196.7ha	2,970ha

に食べ物をコントロールされるのも危うい。どんな質のものが入ってくるかも分からない。何かあった時、本当に必要なのは戦闘機ではなく食べ物ではないのか。

もう一つ、数字で驚く農業の実態。各国の一戸当たり農地平均面積。桁が違いすぎて笑ってしまう。ちなみに魚沼市の田んぼすべてで三二七〇ヘクタール。オーストラリアの一戸平均の農地と大して変わらない。うちは二〇一九年は三・三ヘクタールで三四枚の田んぼ。オーストラリアなら一枚の田んぼかもしれない。

過疎地への誘い

私の住む魚沼市福山新田集落の田んぼ作付けは全部で約四五ヘクタール。三〇戸くらいの農家でやっている（全集落戸数の約半分）。一〇年後は一〇軒くらい残っているか。すでに六〇歳以上が六五％のいわゆる限界集落である。かと言ってしょぼくれて生きているわけではない。田畑の作業をしたり山菜を採ったり、茶飲み友だちとおしゃべりしたり。むしろ年を経ての理想的な暮らしにすら見える。

過疎は経済至上主義の副産物なのかもしれない。自らの身体と頭を使うのではなく、お金によって解決するものばかりが増長していく現代。仕事をするなら誰だって楽で時間がかからない方がいいし、面倒は少ない方がいい。それには都会の方が便利だし、いろんな物や仕事がある。そうした流れの中で自ずと生まれるお金の動きの少ない過疎地。その代表が山の中。でもそこには田畑があり山があり安い土地がある。のびのび生きられる空間がある。生きる方向性さえ合えば素晴らしい住処になる。

都会で悶々としている若者がここでなら活き活きと暮らせるということもあるのではないか。自分がそうだったように。知らないままではもったいない。

人が減っていくのをただ静観して残念がっているだけでは意味がない。地元の人の将来への心配と、地域おこし協力隊（注）の若者の意向と、少雪により少しできた自分の時間、そんなものが相まって、新規就農者などIターン者の受け皿を集落で作ろうということになった。区長さんも応援してくれ、若めの農業者など一六人による「福山新田山暮らし支援会」（以下、「会」とする）を二〇一六年四月に設立。各季節に体験ツアーをしたり、田舎暮らしや就農を考えている人たちが集まるフェアなどで受け入れ先としてブースを構えたりしている。体験ツアーの参加者は徐々に増え、一〇名を超えることが多くなった。コンバインなど各種農機具にも乗るし、機械での草刈り、雪下ろし、投雪機運転、薪割りなど少々ハードな体験メニューが揃っている。移住に役立つことを想定したものである。最近は半分以上をリピーターが占めるなど実に好評である。

三年経ったが、この体験ツアーに参加して実際に移住してきた人はまだいない。その直前までいったが親の体調の問題で諦めたり、職場の異動願いが叶うのを待っていたり。移住は簡単にはいかないようである。それでも以前の協力隊員が移住して田んぼを始めてくれたり、新たな協力隊員も積極的に活動を進めてくれてい

（注）地方自治体が募集を行い、地域おこしや地域の暮らしに興味のある都市部の住民を受け入れて、農林水産業への従事、移住・交流の支援などの地域協力活動を行ってもらう。あわせて隊員の定住を図る。総務省から自治体へ活動費が特別交付税として支給される。任期は三年。会結成時の初の隊員は任期を終え、福山新田に完全に移住している。二期目の隊員も住んでくれそうな気配である。二期目の途中でさらにもう一人加わり、二〇二〇年に交代する次の協力隊の応募者もいる。ありがたい。

体験ツアーでは田植え機も運転する。刈り払い機での草刈りもする。コンバインにも乗る。雪下ろしもする。

る。炭焼きをしたくて移住してきた人も会に参加し一緒に活動をしてくれていたりと、新しい流れもある。ツアーからの移住実績はこれからついてくるものと期待したい。会による住宅や仕事の斡旋、農業指導、機械や農地の貸し出しと、それなりの役割は果たしているように思う。ここ数年で協力隊を含めて集落の住人が六人増えていて、空家も足りなくなってきている。ただ、なぜだか農業をやりたいという若い男性が少ない。

外から来る人の定着のカギは何よりも地域の人たちの人柄である。そこは自慢のできる地域である。「地の力」もある。あとは来る人の暮らしの方向性なのかな、と思う。

県内で定期的に、移住を考えている人と移り住んでほしい人とのマッチングを行うフェアがある。各受け入れ先の紹介は年の売り上げとか待遇とかの説明が多くなってきている。また、そうした法人や会社のブースを訪ねる人が増えた。雇われて勉強するのは堅実な方法ではある。でも、農業は自分でやるからおもしろいんだけどな、と自分は思う。森林組合に入って森で働きながら現金を稼ぎ、一方で自分なりにやりたいように農業をするのは良いですよー、などと言ってみても簡単に人は集まらない。なぜか農業に興味のある人は林業に興味なし。林業に興味のある人は農業に興味なし。周りの知り合いを見てもそう思う。ここ魚沼ではかつては林業をしながらの兼業農家はよくある生活スタイルだった。生計を立てやすいのだと思う。農林業両方となるとハードルが高く感じてしまうのだろうか。特別に体が弱くなければ、どちらも初心者として決して従事しにくい仕事ではない。「はじめに」でも触れたが、ノルマが課せられるわけでもなく、徐々に慣れていけばいい仕事なのだ。

東京駅の隣駅、有楽町駅前の「ふるさと回帰支援センター」という移住希望者をサポートするNPOに行く。移住者受け入れを希望する自治体の立派なポスターがたくさん貼られ、パンフレットやチラシなどが入っている引き出しが何百とある。正直言って気後れしてしまった。いつからこうなっていたのか、日本全国、移住希望者は引く手あまた。素敵な過疎地はどこにでもあるに違いない。こうした中で選ばれることは至難の業のように感じてしまう。この集落は何が違う？　雪の量は日本で（世界でも？）トップを争うはず。でもそれは一般の人から見て利点か？　気さくで自由な雰囲気がある。一年目からおいしい米が自分の手で作れる。楽しい面子が集まる居心地のいい場所があり、生活全般にわたる相談相手がいる。はっきりとした四季の流れ。登山やウインタースポーツや釣りが好きな人には格好の地。職種は多くないが仕事はある。しばらく住むと分かるような良さも多いが伝えきれなくて歯がゆい。特別なアピールが難しい。

移住して農業をやろうとする人の共通因子を考えてみる。流行に乗るようなタイプではないな。自分なりの考えを口にできる人かも。どういう風に育つとそういう選択をするようになるのか？　それが分かればアプローチ効率は良くなるかもしれない。例えば自分。妹が二人。兄妹で世界観や価値観が全く違う。同じ両親のもとで育ってもあまりに違う。真っ当で素晴らしい大人たちとの出会いがあったからこそ今の自分があるが、妹たちだってそれなりの大人たちと出会ってきたかもしれないし……。

自分と似たような、もっと純化したライフスタイルの友人が書いた文章を読んでみる。「『僕は自由である』ことを伝えてくれる物事や人に出会うチャンスが僕には幼いころからあった。それに育まれて来たように感じられることを幸運に思う」。（『土と空の真ん中で』瀬谷佑介 Backvally Records 発行）やはりなかなかの出会いをしているのは間違いない。子どもの頃、山のキャンプでイワナを釣り、食べた経験の影響も大きかったそうだ。そういう生活をしたいと思い、本当にしている。かつてイワナを釣った地に移り住んで。

Ｉターンの理由を聞ける人には聞いてみたりするが、明確な答えにはたどり着けない。はっきりしない。この集落に移り住んでいる人もみんなそれぞれ。それがつまり答えなのかもしれない。移住先に選ばれるには簡単な方法はなくて、受け皿を置いて、オープンな活動をしていくより他ないのだろう。それぞれの生活がある中での活動。地道にやるしかない。

移住を迷っている人へ

やらないで後悔するよりは飛び込んでしまった方がいいと私は思う。自分は何の技術もお金もなかった。そこで生きていこうと腹をくくれば何とかなる。現金収入が得られる仕事もある。いきなり専業農家はハードルが高いので兼業がお勧め。田舎に住むなら一年目から畑はぜひやってほしい。可能なら田んぼも。どうせなら都会では得られない生活をした方がおもしろい。中途半端な片田舎よりどっぷり田舎の方が町の感覚から離れやすいかもしれない。お金より自分を頼るしかなくて、暮らす力が育つに違いない。うまくいかなかったことでも自分の糧になる。

病院や学校や買い物は車があれば心配ない。救急車はすぐ来るし、病院のたらい回しもほぼない。必要なのはやる気と行動力。根気。車の免許と多少の社交性。その土地や住民との相性に不安があればまずは訪ねてみるといい。

ここのいいところは何ですか？　とよく聞かれる。余計なものがないところ、と答える。あとはこれまで書いてきたこと。自分の生活を自分なりに作り上げていける。都市圏との違いで言えば、静か。満員電車に乗らなくていい。渋滞もない。問答無用に目に入ってくる広告もない。家族が揃って、身近で作られた食材を使ったおいしい食事が食べられる。保育園は格安でかつ待機なし。土地・家賃も格安。一人ひとりの存在感が濃い。田畑で作物が作れる。日常的に釣りやウインタースポーツができる。私にしてみるといいところだらけ。

あれがない、これがないと考えてしまうなら、田舎には不向きかもしれない。実際は、あれがなくてもこれがなくても結構平気なもの。ちなみに我が家からコンビニまで車で二五分。コンビニエンスでもなんでもないけれど、困りはしない。

たまに街の空気に触れたければ長岡は車で四五分、東京でも新幹線を使えば三時間弱。

短所は五月の最後のページでも書いたけれど、お金持ちになるには個人の特殊能力でもない限り難しいこと。また、子どもが高校生になると毎日のように駅――ローカル線が好きな人にはたまらない、只見線――まで送迎。一〇分だけど。除雪はしているけれど滑る峠道の運転には注意。雪は慣れるけれどあまりに降り続くと嫌になることもある。などと書きながらも短所は短所ばかりでもない気もしてしまう。お金がないなりの工夫ができるようになるとか、子どもの送迎は会話の機会だったり、雪景色はきれいだったり春の喜びがあったり。ここに住んでいると短所についての感覚は麻痺していく。

2月

連れ合いの味噌造り

冬も後半。晴れ間も増え、陽も長くなってくる。冬は雑菌が少なく味噌を仕込むのに良い季節。連れ合いが味噌を造っている。車庫を改造し加工場と保管庫を造作した。仕込み量が一番多いのが冬。

連れ合いが次女をおぶりながら巻町《まきまち》（現新潟市）の新潟県農業大学校に宿泊研修し、販売を始めたのは二〇〇四年。一番多い時で年一トンの生産量。ほぼ常連さんへの出荷。原料はうちの米と地場産の大豆と国産塩。無添加。スーパーなどでの味噌の安売りの値段に目を疑う。うちの味噌の材料代にもならない。麹もうちの米で作る。蒸した米に麹菌を混ぜて発酵器へ。大豆は選別作業をする。ちょっとずつ、目視で悪い豆を取り除く。ひび割れ、虫食い、未熟豆。地味で根気のいる作業だ。豆を洗い水につけ、ゆでてつぶして塩と麹を混ぜる。貯蔵庫へ入れ、機械を丁寧に洗って一サイクル終了。半年後に天地替え。一年後から食べ頃に。おいしい。甘みが感じられるのは米麹の割合が高いから。

扱うものはどれも結構重く、よく細い腕でやっていると思う。田舎暮らしに馴染んでくれて、私としてはありがたかったとしか言いようがない。子どもたちも手が離れ、今は高齢者の入浴介助の仕事もしつつ、好きな絵を描いたり、刺繍、手芸など趣味の時間も楽しんでいるように見える。

一人と二人ではやれることはあまりに違う。一人だったら家も造れなかったし田んぼもちょっとしかできなかったに違いない。

米と味噌。渋くてなんと相性のいい売り物。よくぞ造ってくれた、と思っている。

1回のゆで上がりの大豆は10kgくらい。

ガスコンロも営業用の大きいもの。

3月

春の入りの共感

雪も終わりの季節。まだ降ることはあるが、気配は春。

除雪の仕事は少なくなり、排雪の仕事が始まる。冬の間、ロータリー車で飛ばしたりドーザーで突き出されたりして山のようになった雪。そのままにしておくと、そこだけ雪が残って田畑が始められない。重機で雪を大型ダンプに積み、決められた雪の捨て場に運ぶ。そんな仕事の写真撮りや交通誘導員などをしている。

この時期、積もった雪を足場として高いところの外壁修理や塗装もできる。ちょうどよく雪があってちょうどよく晴れてちょうどよく時間が作れてちょうどよくやる気が出た時しかできないので、なかなか

雪の足場を利用した塗装。

外壁の傷みに追いつかない。雪足場は伐採でも田畑を壊さずに木を倒せるし、重機も入っていけるので、結構重宝するしろもの。雪国は屋根や電線が身近な世界だ。

良い天気が続けば道路際の土が見え、ふきのとうや土の香りがしてくることもある。人々の往来も増える。春めいた陽ざしの下で誰と会っても交わす挨拶も晴れ晴れした気分のものになる。「春だのぉ」「あったかくなったのぉ」。何ということのない挨拶の中に雪国ならではの共感が詰まっていて心地良い。共感は人を元気にする。何気ない春の陽ざしに集落みんながうれしい気持ちになれること、それは豊かなことだと思う。一番好きな季節。春の入り。この春の喜びも雪あってこそのものと考えると雪も悪くない。こういうのも住んでみてこその実感。

アンフェアな日常

そして四月から育苗が本格的に始まり、いつもと変わらぬ一年が始まる。このサイクルに慣れてきて、飽きてきたような時期も正直あった。「またおんなじような一年か」と。同時に、これでいいのかな

居間の縁側から外へ行けるように雪かき。生猫マフラー。「あったかい?」「じゃま」

……という思いも。第一次産業の価値を思い、移住したけれど、一番時間を費やしているのは草刈り？　そして田舎のおいしい暮らしをしているだけ？

でも、「これでいいのか？」という気持ちはいつしか変わっていた。国内林業の変化か、米のお客さんが増えたからか、年齢か……。「いつもの一年が過ごせますように」と思うようになった。ここへ移住するきっかけになった南北問題は四半世紀経った今も変わらず存在しているし、自分がそれに対してできていることなどほぼない。少しの米を作り、少しの国産材を伐り出しているだけ。なるべく自分の手で暮らしを創ろうとしているだけ。けれどもその方向性そのものは間違ってはいなかったと思う。それは原発に依存したり戦闘機を買いあさったり、どこかの誰かに犠牲を強いるような方向性ではないと断言できるから。

そして、生活の一部になってしまっている昔から変わらないこの風景。未来もきっと同じで飽きない風景。日常が尊い。

だからといって、きれいごとばかりは言えない。私たちの生活は意図と反していろんなこととつながってしまっている。

例えば、世界の油ヤシのプランテーション面積は一八七〇万ヘクタール（国際自然保護連合二〇一七年）。日本の面積の約半分。もう、大きすぎてよく分からない。パーム油は世界で最も生産されている植物油。広大な面積の熱帯林破壊。大量の農薬による環境破壊と人身・健康被害。あらゆる形で私たちの生活に入り込んでしまっていてボイコットすら難しいパーム油。天然素材？　そう呼んでいいのか？　環境にやさしい？　それははっきり嘘だと言える。

例えば、元の面積の一五％がすでに消失されたと言われるアマゾンの熱帯林。大豆畑、肉牛牧場、鉱山開発、水力発電施設建設などにより消失が続く。大豆や牛肉を国産にするだけでは逃れられない。大規模な森林破壊を伴う開発に融資しているのは私たちの税金で運営されているＪＩＣＡ（国際協力事業団）だったりするし、鉱山開発によるボーキサイトは日本に輸入されアルミニウムになる。ハンバーガーや納豆や缶飲料を買うのですら熱帯林破壊や人権侵害につながっている（アマゾンに関しては特定非営利活動法人　熱帯森林保護団体が地道な活動を続けている）。

例えば、一〇〇円均一商品の裏には超低賃金労働や児童労働がある。

例えば、中国製品を日本があまりに買いたたき、社長が給料を払わないまま逃げて工場がつぶれる。

売る側の国の問題だというのは責任回避の詭弁にしかすぎないと

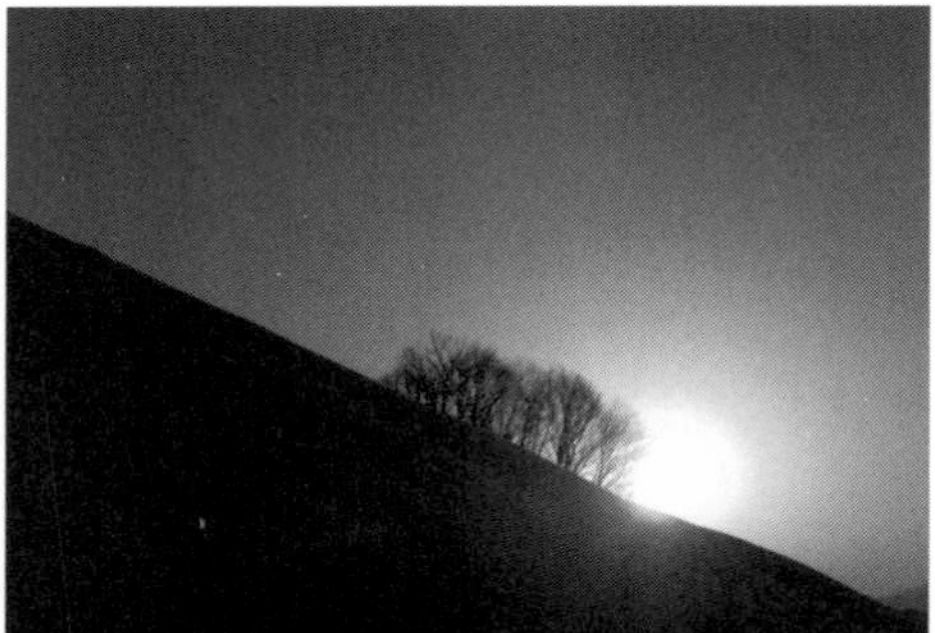

他の集落へ行く時に通る峠の朝陽。

思う。

例えば、プラスチック廃棄物を年間一五〇万トンもリサイクルのためと称して輸出する。廃棄物の押し付けに輸入国も処理しきれず、ゴミの押し付けになっている。キリがない。日本に住んでいる限り世界とのつながりは断ち切れないし、知らず知らずのうちに加害者になっていることはいくらでもある。逃れようがない。それがグローバルでアンフェアな市場経済。だからこそ「フェアトレード」という言葉も存在する。そういう現実の中で日常を送っているということだけは忘れずにいたい。

移動狩猟採集民族

マレーシア領ボルネオ島、サラワク州の先住民族の中には移動して生活する狩猟採集民族がいる。定住、半定住が進んでいるが、推計で現在二〇〇〜三〇〇人が移動の生活をしている（マレーシア政府の人口統計には入っておらず、現地に詳しい方からの話）。四月のページで述べた、日本へ現地の窮状を訴えに来てくれた住民の方々の中にその移動狩猟採集民族のマナランさん（仮名）もいた。もう二六年くらい前。確かＩＴＴＯ（国際熱帯木材機関）の国際会議関係のシンポジウムだったように思う。そのマナランさんへ質問があった。「ジャングルの中ではどんなものを食べているのですか？」「〇〇〇、

×××、△△△、……」。次々と出てきて止まらない。もちろん、通訳を介してもそれが何を示すのかは分からない。その多さに参加者からはちょっと笑いも出たりしたが、それもやがて聞こえなくなるほど次々と名前が挙がる。時間の関係上、司会者がストップをかけておしまいになった。大事なことが議論されていたはずのその会議の中で、私が覚えているのはそのシーンだけ。

彼は食事のたびに、これは何？ と聞いてきた。部族の言葉から英語への通訳で。ただでさえ苦手な英語の上、素材すらあやふやで私はいくらもまともに答えられなかった。彼らの「生きること」は食べ物に直結しているのだと思う。そのために移動し獲物や植物などを得る。ほぼ生活のすべてを森から得る。それをグループ内で均等に分け合う。

そして今になって痛烈に思う。あの質問への答えは、森からそれだけのものを得ていたのに伐採のせいで得られなくなってきているのです、という生活を賭けた冷静な訴えだったのだ。日本に来たことで現地政府のブラックリストに入り不自由な生活を送らされる可能性だってある。そんな彼らの訴えを何回も聞いていて、言葉では分かっていたつもりだった。でも、山の中で農林業に関わって少しは実感が伴うようになると、当時の自分のぬるさがよく理解できる。この地で得られるもの、米、野菜、薪、水……そうしたものが理不尽に侵されることを想像したくもない。現金収入がないとすればそれはまさに生活破壊そのものになる。その切実感はやはり、本当に壊された者にしか分からないに違いない。

どの部族の人も大切な人たちであったけれども、そのマナランさんは特別だった。最も言葉が通じないのに一番気持ちが通じ合った気がしていた。受け入れてもらっていたということなのかもしれない。瞳の温かさと言えばいいのか深さと言えばいいのか。受け入れる瞳、……与える瞳？　数日間彼らの案内をして一緒に過ごしただけなのに、空港での別れ際、目を合わせた途端、胸が詰まり嗚咽《おえつ》してしまった。

彼らのジャングルに行ったこともある。定住の民族の長屋。植物はどれもスケールが大きい。夕暮れになり巨大なクリスマスツリーのようなものが見える。巨大な木で輝く無数の蛍の群生は圧巻だった。ボートで移動中、川に張り出した枝から何かがドサリと私のもとに落ちてきた。大蛇だった。その大蛇はその晩の食卓にあがる。マメジカ、ヤマアラシもおいしく塩味でいただいた。一〇歳くらいの男の子が自分が作っていると持ってきてくれた完熟のパイナップルはそれまで食べたものとはまるで別物だった。あんまり感激して食べていたら毎食採ってきてくれて口の中がイガイガになった。

その集落に滞在中、移動するプナン人（多くは一五～七五人の集団で移動する）にも会えた。マナランさんのグループではなかったが、同じ空気を感じた。穏やかで控えめ。そして静かで優しい瞳。けれども感じられる強さ。移動狩猟採集民族の特徴なのだろうか。もう、人間としての極上のイメージだけが自分にすり込まれている。

後発隊の日本人が私たちの泊めてもらっている長屋に来た。そして言う。

「あれ？　市井君は？」

「いるし。目の前に」

「あ〜！　ここの人かと思った〜！」

大笑い。日焼けもして完全に同化していたらしい。確かに帰りたくなくなってはいた。


今、自分で造ったこの国産材の家にマナランさんを招待して、自分が作った米や連れ合いの作った味噌汁や野菜をごちそうしたり、伐採の仕事を見てもらったりしたら少しは喜んでくれるだろうか。などと妄想して楽しんでみる。今度は、今食べている食べ物が何か、きちんと伝えられるはずだ。言葉はダメでも絵か写真で。

そして次の瞬間、現在も彼らの森では違法伐採による被害が続いていることを思い出す。

ここで、やれることをやる生活と世界の現実、きっとこれからもそんな行ったり来たりの心情の間で自分は生きていくのだと思う。

連れ合いから少々（市井　希）

大学三年の時、児童福祉を専攻していた私は、北海道の養護施設に一か月の実習に行った。卒業論文を書く際にも、そこの施設長にはずいぶんお世話になった。「研修生としてなら受け入れますよ」と言われていたので就職先もほぼ決まっていた。そんな時、当時付き合っていたとーちゃんから「新潟の山奥で炭焼きをしながら田畑をやって一緒に一から生活してみないか」と誘いがあった。どちらを選ぶか天秤にかけてみる。当時施設にいたのは虐待を受けた子どもたちがほとんどで、かなり深刻な過去を背負っていた。そんな彼らと比べると、自分は何の苦労もなくいかにぬくぬくと親に守られ育ってきたか改めて気付かされ、このまま実家にいてはダメ人間になってしまうと思った。しかし就職して彼らと面と向かってやっていく自信も勇気も全くない。それに残念ながら施設長は女癖も悪かった。ということで新潟に決めた。

二人で移住したら畑では何を作ろう、実のなる木をたくさん植えよう、動物もいろいろ飼おうと夢を語っている間は盛り上がったが、いざ両親に話すと父には反対されるし、「行くなら結婚すること」と言われ、「あぁ、

刈った草を運ぶ。堆肥にする。結構重い。

そういうものなのか」と後で気付くお子様なのだった。母は「あなたに合ってるんじゃない」と言ってくれた。実家を出なくてはいけないと思いながらも、もし両親共に反対されていたら決心が揺らいでいたかもしれない。母のその一言がそっと背中を押してくれ、その後もずっと私の芯を支えてくれている。父も初めは反対したものの、家を建てる時、多大な協力をしてくれた。

めでたく二人で魚沼の福山新田にやってきたものの、一年目は精神的にかなり不安定だった。「福山には若い人が少ししかいない」と聞いていたが、日中は職場に出ているので全くいない。近所のお年寄りは優しく、よくお茶に誘ってくれたが、話といえば田畑や子や孫のこと。昔の話を聞くのもおもしろかったが、やはり同世代の友人が欲しかった。とーちゃんは炭焼きで一日いない。よく独りで泣いていた。

一年目から田んぼを作り、手植え・手刈りをしていたので、助っ人に東京の友人を呼んでいた。何か月かに一回、友人が泊まりに来てくれることで心の安定を保っていた。が、一〇～一五人分を一日三食一人で作るので思うように一緒に作業もできない。これじゃあ私はお手伝いさんじゃないか？　作ってばかりでお腹が空かない。食事当番を決めて、手伝ってもらうことでイライラは解消した。

何とか春夏秋冬を経験し、二年目に入ると「また、あの春がやってくるな」と気持ちも落ち着いた。今まで親が作ってくれた食事を食べ、親に勧められた学校に通い、自分の力で生きてこなかった私は自由を目の前にしてどうすることもできなかった。でも畑を耕し、種を蒔き、手入れをすると、少しずつ野菜が成長し新鮮な食材が食卓に載る。ずいぶん、「畑作業をする」ということに支えられていたと思う。「土に触れると心が落ち着く」という発見をした。

結婚前は生理も不順だったので、子どもが授かるか心配だった。時々、周りからの「子どもはまだかー？」という言葉に苦しめられた。想像妊娠もした。二年目になり精神的に安定したら子が授かったが、子が無事に生まれるまでは「女性としての自信」はあまりなかった。

自信がついても、それは女性としての機能だけで、子育てがうまくいくとは限らない。三歳になって保育園に入るまでは家で一緒にいようと考えていた。楽しい時もあれば苦しい時もある。特に初めての子を持つ母親は育児が不慣れで、多かれ少なかれ追い詰められる。子どもを連れて平日の昼間いろいろな公園に行っても誰もいない。皆、保育園に預け働いているからだ。後に子どもが保育園に入ってから同世代の保護者との付き合いが始まり、いろんな子育てを知ることで、自分で自分を追い詰めることも減った。時間を決めなくてもやるべきことがその日のうちに終わればそんなに焦らなくていいんだなと力まなくなった。

家造りの頃、とーちゃんは忙しいので小さな娘二人の子守りは一人ですることになる。煮詰まる〜。

毎日のように作業場を見に連れていく。子どもたちは高いはしごや脚立に平気で登るが、以前の私は高いところが平気だったのに子どもたちが心配で足がすくむようになってしまった。関東から来た友人たちが作業を手伝ってくれるが、子守りと家事で全く一緒に造れない。「なんでお客さんが造って、自分の家を私が造れないんだー」なんてイライラしたことも。子どもをおんぶして壁を塗ったり、少し大きくなったら一緒に壁板を張ったりして少しの作業で満足することにする。

それでも自然豊かな場所で子どもたちと犬と猫と一日中散歩しながら、蝶を追いかけ、野花を摘み、水遊びをし、カブトムシを捕り、赤トンボの群れに驚く。栗三つでいっぱいになってしまう小さな手を見るだけで、雪と戯れ歓声をあげる姿を見るだけで、あぁ本当にここに来て良かったと実感する。私は幼稚園くらいまではさほど記憶に残っていなかったので、もう一度子どもたちと幼い頃をやり直しているようで楽しかった。

一緒に野菜を収穫して洗ったり。赤じそジュースを作る時、酢を入れると黒っぽい赤じその汁が一瞬で鮮やかな赤色になるのに驚きの声をあげたり。栗ご飯はおいしいけれど栗を剝くのに二時間。魂が抜けそうだ。食べ

物置の塗装。長女と。

曲がり家の内側はすぐに雪が溜まる。

るのにたったの一五分。この作業時間は割に合わない。剝くの、手伝っておくれ。栗剝き器を二つ購入。子どもたちとおしゃべりをしながら剝く。誰も手伝ってくれないと栗ご飯の頻度が下がる。

三人の子どもたちの持って生まれた性格の違いに驚き、笑い、大きくなっても変わらないので、これは親がどうこうできるものではないなと思う。子どもたちの保育園入学から高校卒業までさまざまな行事に参加し、学校の役員もたくさんした。児童福祉を専攻したのに全く違う道を選んでしまったことに後ろめたさがあったが、地域に根差して活動することでその気持ちが少し軽くなった。

今、地域でどんな会に入っているかというと、一つ目は「絵本の家『ゆきぼうし』」。絵本が好きで絵本作家に一時期なりたかった私にとって、地元にたくさんの絵本があって貸してくれるところがあるのはとても魅力的だった。子どもが小さい頃は木の実探検、クリスマス会、雪祭りなどのイベントに参加し、大きくなってからは運営に関わっている。絵本や童話が九〇〇〇冊ほどあり、貸し出しをしたり夏や秋に大きなイベントをしたり、毎月ミニイベントもしている。ゆっくり絵本を読んだり、森で遊んだり、子どもから大人まで心を開放して過ごせる場所だ。

二つ目は「新日本婦人の会」。一九六二年に平塚らいてうやいわさきちひろなどが呼びかけてできた全国に広がる会だ。学校の保護者の間ではなかなか話せなかった政治や経済のこと。家でとーちゃんと話すだけだったことも、地域のさまざまな年代のお母ちゃんたちと話をすることで、住み良い社会を作っていこうと署名を集めて要望したり、憲法や消費税の勉強もしたりしている。

三つ目は「柏崎刈羽原発を考える魚沼市民の会」。二〇一一年に福島で事故が起きるまで、柏崎に七基も原発があって世界一危険であることは全く知らなかった。北西の風が吹けば、三〇km圏内に入らない魚沼市も大きな被害を受ける。それなのに避難区域でなく受け入れ側に指定されている。会ができて三年ほど。原発に詳しい人、反対の人、福島から避難している人の講演会を開催して継続して原発のことを考えている。二〇一九年の四月には四〇人ほどの有志で福島へ視察に行った。話に聞くのと行って実際に見るのとでは大違いだった。オリンピックで使用される主な道路の両脇にあったはずの汚染土の入った黒いフレコンバック。少し離れた目につかないところへ移動し、緑のシートを被せて誤魔化している。戻ってくる人がほとんどいないのに学校が再建される。しかし数年すれば通う児童が卒業し閉校になってしまう。新しい家も建っているが工事作業者の家らしい。鳥も飛んでいない。原発に近づくにつれ放射線量測定器の音が次第に速くなり大きくなり止まらない。「もう帰れます！復興は進んでいます！」と謳っても現実はこの通り。最近、『福島

刈った庭の草を集める。

は語る』というドキュメンタリー映画を観た。被災者一四人の証言が胸に刺さる。まだ帰れない。ずっと帰れないのだ。原発の近くに住んでいる者として、これからも、学びを深め再稼働させないよう働きかけていきたい。

畑や味噌の製造・販売の他に、この二年は週三回だが老人福祉施設のデイサービスで入浴介助をしている。児童福祉を学んでいた頃は老人福祉には全く興味がなかったが、自分が五〇歳近くになり、これからますます老人が増える社会を思うと、とても重要な職に就いたと思っている。当然いろいろな方がいて、一日ゆったりと気持ち良く過ごしてもらうために個々に合った声かけを工夫し、日々学ぶことは多い。

子どもたちが独立してからやりたいことをやろうとすると、歳を取ってしまう。絵を描くことが好きなので長岡市内の絵画教室に通うことにした。もう八年になる。二〇一八・二〇一九年は地元で個展をしたらたくさんの方が感想を書いてくださり、励みになっている。今がとても充実していて、やりたいことがやれているのは幸福なことだと思う。

おわりに

結婚式はした。親戚だけで。世界中で平和行脚をしている日本山妙法寺さんにしていただいた。お寺さんの方でも結婚式を行うのは初めてということで、そのためのお経を作ってくださった。知り合いのお坊さんのとても心のこもった式だった。お金もなくて親たちに出してもらっているというのに、私の希望を通してもらった。全くもって言えた義理ではないが、結婚式にかかる大切なお金がその後有意義に使われてほしかったから。

私にはコンプレックスがある。子どもの頃よく言われていた。通信簿にもよく書かれていた。責任感はあるが、「思いやりがない」『優しさが欲しい」。本当にそうだったと思う。そういう自分が嫌だなとはっきりと意識しだしたのは高校生になる前くらいか。自分なりに少しは修正してきたつもりだが、根っこは簡単には変わらない。今でも油断すると無神経に人を傷付けそうで怖い。だからなのか加害者でいることが辛い。今の自分のありようの元をたどるとそんなところに行き着くのかもしれない。

旧知の先輩である築地書館の土井二郎さんに「本を書かない?」と言ってもらったのはもう四〜五年

も前のことだ。三年猶予をくださいと言ったものの、全く暇がない。そもそも自分は書くのにすごく時間がかかる。ずっと気にはなっていたが、日々の生活を乗り切るのにやっとこさである。三年経って一度はお詫びしたものの、まとまった時間がなければ書けない以上、そのお詫びのまま終わってしまう気がしていた。

移住二五年目の六月初め、自宅付近で薪作りをしているときにチェーンソーをちょっと足に当ててしまった。切断とかそういう大きなケガではないが、ひと夏農林業はできなくなった。まとまった時間だ！　ここしかない！　これが最初で最後のチャンスに違いない。

山仕事の同僚などに田んぼ作業を助けてもらいながらひたすらパソコンに向かう。その間のお願いした田んぼ作業のアルバイトは約二〇〇時間！　ありがたいこと。これが本になるのか？　という疑問が浮かびつつも、とにかく書いた。少し遅れたが約束を守れたことに安堵している。約束はやっぱり守りたい。

炭焼きを始めて間もない頃、ある時ふと斜め上に人気《ひとけ》を感じた。窯に連れていっていた普段あまり吠えない犬も私が気配を感じた方に向かって吠えたてた。ん？　じいちゃんか？　となぜか思った。じいちゃんとはほとんど話した記憶はないし、普段は思い出すことすらない。死んだじいちゃんが「自分のところじゃだめだ。福山新田なら家族と生きていける」と導いてくれたような気がしてならない。成仏する前に見に来たんじゃないかと。ちなみにそのじいちゃん、親父が心配して神奈川に連れていったら、しばらくして胃潰瘍になって山へ戻ってしまったらしい。今、もし会えて話ができたら、山の中の暮らしをあれこれしゃべれて楽しいに違いない。

そして私は言う。

「ここに来て正解だったよ」

集落の皆さん、米・味噌のお客さんをはじめ、これまで私に関わってくださったすべての方に感謝を込めて。

二〇二〇年二月　市井晴也

著者紹介——市井晴也（いちい　はるや）

神奈川県綾瀬市出身。バブル経済真っ盛りの時期に、日本大学文理学部哲学科を卒業。東京の環境ＮＧＯに就職する。熱帯林破壊と日本の木材貿易の問題点についての啓発活動に従事し、第一次産業の大切さを痛感。

自分自身が、森林や自然環境と直に向き合って生きていきたいと思いつめて、25年前、豪雪地帯の新潟県旧守門村の森林組合に飛び込み、炭焼きを始める。以来、四半世紀、美味しさにこだわった米作りと、年輪の詰んだ美しい魚沼杉の育成・生産で、山村生活を送る。家族は妻と二女一男。

お米はＨＰ工房茶助www.ko-bo-chazuke.jpから購入可能。

※表紙上部及び(朗)印撮影：福田朗子
※カラー口絵、2月の味噌造り写真撮影：金指栄一
※カラー口絵カレンダー、本トビラ、章タイトルイラスト：市井希

米販売

ホームページ
「工房茶助」で検索

ご感想・
移住などお問い合わせ

市井晴也 .chazuke@funcs.net
fax.025-797-3205

半農半林で暮らしを立てる
――資金ゼロからのIターン田舎暮らし入門

二〇二〇年三月一九日　初版発行

著者――――市井晴也
発行者―――土井二郎
発行所―――築地書館株式会社
東京都中央区築地七―四―四―二〇一　〒一〇四―〇〇四五
電話〇三―三五四二―三七三一　FAX〇三―三五四一―五七九九
振替〇〇一一〇―五―一九〇五七
ホームページ＝http://www.tsukiji-shokan.co.jp/
印刷・製本―――シナノ印刷株式会社
装丁―――秋山香代子（grato grafica）

　ISBN 978-4-8067-1595-5